新 SI 対応

ディジタル時代の 電気電子計測基礎

（改訂版）

博士（工学） 松本 佳宣 著

コロナ社

ま　え　が　き

　本書は，大学の 2 年次学生を対象とした「計測工学」の授業をもとに，従来の計測工学の教科書に対する下記の動機から第 1 刷（2014 年）を執筆した。

　1)　不確かさの導入，SI，次元，単位の正確な記載

　2)　新 JIS 記号・用語，ディジタル計測への対応

　3)　新しい授業形式への対応

　1) に関しては，国際度量衡委員会の勧告を経て不確かさという表現がだいぶ認知されてきているが，まだ従来の誤差という表現も社会で用いられており，これらを 2 章において詳しく解説して，次元や単位表記に関しても記載をした。

　2) に関しては，図面・用語の更新と同時に，可動コイル型計器の説明を減らして A–D 変換器による電圧測定と演算増幅器を用いた信号処理による電流，電力測定を中心に説明することで，現代の計測の実情に合わせた内容とした。また，電圧・電流・抵抗測定のあとに，センサの種類と計測を入れることで理解を深める工夫をした。また，コンピュータ・マイコン計測やセンサネットワークに用いられる無線計測など，今後のトレンドに関して説明を行った。

　3) に関しては，章末の演習問題を多くして授業内演習や宿題に活用できるようにし，理解・計算力の向上を目指した。米国の教科書を参考に，できるだけ教科書による説明でも自習できるように心がけ，授業数の増加に対して理解度確認や計算反復練習を増やすことで学力向上と達成感を得させる形を目指した。

　これらに加えて第 3 刷（改訂版）では

　4)　新 SI の改訂

に関して 1 章を大きく改訂したが，単位の成り立ちや物理的な理解といった観点から旧 SI の記述も残した。

　世の中の社会状況が大きく変化する中で高度化するハードウェアに対して学生への教育と知識・記述の継承が困難になっており，日本の高専・大学教育の在り方は大きな転換点に立っていると感じている。高専・大学教育になにを求めるかはいろいろな意見があるが，高度な内容を簡略化して概念を把握させることと，現時点では消化不良であっても将来直面するであろう内容を丁寧に説明することをうまくバランスさせる必要があると考える。本書の4章では簡略化した内容では理解不足や勘違いを招くと思われる演算増幅器に関しては最初から実際の製品の仕様から説明して種類や特性項目が多いことを理解させたうえで，現実のセンサ回路などで起こる問題を提示しつつ初心者にもわかる説明を心がけた。技術が高度化するなかで研究室や会社業務に役立つ技能を得るヒントになれば幸いである。また，計測の現場で出会う難解なノウハウ的内容や$\Delta\Sigma$方式のA-D変換器の基礎に関しても説明をした。IoT技術が普及するなかで14章に関しても内容改訂が必要であるが，これは次回か別書物で対応したい。

　計測工学の教科書は，すでに多くの良書が出版されているが，電気回路および電磁気を学んだ段階の学生には網羅的すぎるとも感じており，この教科書では選定した基礎内容の理解，演習から始め，徐々に電子計測を説明していく方針とした。教育の在り方の変化が理工教育や企業活動に様々な影響を与えているが，計算力と論理性を伸ばし，かつ実践にもつながる内容を教えることが将来第一線の企業，研究活動で活躍できる若人の素養を養うと考えている。以上の内容を教師が教えやすいように配慮を行ったつもりであるが，紙面の制約からやや説明を簡略化した記載や説明不足や厳密ではない部分もある。筆者の力不足の面も含め，不十分な点に関しては今後ご意見をいただき改善をしていきたい。

　本書の執筆にあたって，多くの参考文献を参考にさせていただき，これらの著者に謝意を表する。最後に，本書を出版するお世話をいただいたコロナ社の方々に感謝する。

　2019年12月

著　者

目　　　次

1.　計測の基礎と SI

2.　測定手法と統計処理

3. 雑   音

4．演算増幅器とフィルタ

5．A-D変換器，電圧測定

10.　抵抗・キャパシタンス型センサ

11.　電 力 測 定

12.　周　　波　　数

13．オシロスコープ，記録計（ロガー）

14．コンピュータ計測とセンサ無線

1

計測の基礎と SI

1.1 計 測 と は

　計測という文字は，数量，時間を計る（count）という文字と，長さ，面積，速さを測る（measure）の2文字からなりたっている。ほかにも，量る，諮るなどの文字があるが，「JIS 技術用語」によれば計測（instrumentation）とは「なんらかの目的を持って，事物を量的にとらえるための方法・手段を考究し実施し，その結果を用いること」となっている。「事物を量的にとらえること」を測定とすると，計測の概念は**図1.1**のように表される。

図1.1　計測の概念

　測定（measurement）が既存の測定器で定量的な数値を求める単純作業であるのに対して，計測では，測定手法に対する理解ののちに測定・統計処理を行い，必要に応じて新手法の考案も行う。さらに，測定誤差などを踏まえた測定結果の評価や応用も必要である。

　「計測なくして科学なし」

　"There can be no science without measurement."

という言葉は熱力学を確立したイギリスの物理学者 W. トムソン（別称：ケルヴィン卿）の

　"When you can measure what you are speaking about, and express it in

numbers, you know something about it; but when you cannot measure it,
when you cannot express it in numbers, your knowledge is of a meager and
unsatisfactory kind: it may be the beginning of knowledge, but you have
scarcely in your thoughts advanced to the stage of science."
からきているが，科学の進歩に不可欠なものが計測である。

電気電子計測は，電圧，電流などの電気量の測定から始まり，その後，物理
量を電気・電子機器を用いて測定することも意味するようになった。物理量の
測定では，物理量を電気量に変換するセンサとその信号処理回路を用いて電圧
信号とする。センサには，温度より電気抵抗が変化する素子，温度により起電
力が発生する素子，光により起電力が発生する素子，圧力により電気抵抗が変
化する素子などがある。

現代的な計測の手順としては

①　単位と測定対象の物理

②　測定手法

③　計測器と測定回路の原理

を学んで理解したのちに，測定を実施してコンピュータにデータを取り込み，
さらに

④　データ処理と解析

⑤　わかりやすくまとめと発表・報告

⑥　新現象の場合には，単位系の確立

を行うことになる。まとめと発表により知識の共有と国内外との共同作業が可
能となるが，共同作業では共有できる単位を決め，相互に数値化することが必
要になる。中世では国ごとに単位がばらばらであり，単位そのものも個人の身
体の長さなどを利用したものも多かった。これに対して，世界的に単位を統一
しようとして確立したのが国際単位系（SI†）である。

科学的な判断というものは，知識，測定，計算，熟考ののちに生まれる。こ

---

†　フランス語の Systèm International d'Unités（英語では International System of Units）
　　の頭文字からとったものである。

の判断ができるように，本書を通して方法論を学んで欲しい。合理的な判断ができる能力は，科学者・技術者としての大切な素養であり，将来の大切な指針（コンパス）となる。

1.2　計 測 の 事 例

1.2.1　天 文 と 暦

　人類が初めて取り組んだ計測の一つとして，天文と暦がある。最初に，実際の事象から説明すると SI 基本単位の 1 秒を基準にすると，1 日は 86 400 秒である。ところで，地球の自転は約 23 時間 56 分 4 秒であり 24 時間ではない。地球が自転する間に地球はさらに同じ方向に太陽の周りを公転しているので，約 24 時間で地球から見る太陽は同じ高さに昇る。実際には地球の自転速度は変動するため，1 太陽年の時間間隔の 1/31 556 925.974 7 を 1 秒とすることが，1956 年の国際度量衡委員会（Comité International des Poids et Mesures, CIPM）において決議された。その後，1967 年の第 13 回国際度量衡総会（CGPM）において現在の原子時計による SI 基本単位の秒の定義が決定されたわけであるが，この秒の定義による 1 日を用いて地球の公転の日数を示すと 365.242 189 572 日である。

　過去の歴史において天体観測と計算に基づくさまざま暦が作られたのは，この 1 日と 1 年の関係が原因であり，これが暦を難解にした理由でもある。詳細は，天文学や歴史書の説明に譲るとして，大まかに 1 年を 365.25 日として 4 年ごとに閏年で補正を入れるユリウス暦，1 年を 365.242 5 日として 400 年間 97 回の閏年で補正するグレゴリオ暦，正確な 1 日の観測を月の満ち欠けに求め，月の満ち欠けを基本とする月と閏月での補正をする太陰暦などがある。これらの天文観測と暦の計算が天文，光学，幾何学，微分・積分などの学問を進展させたといってもよい。

1.2.2 クーロンの法則

別の例として**図1.2**に示すクーロンの法則について述べる。昔から，静電気の存在は知られていたが，その関係はよくわかっておらず，微弱な静電力を測る装置もなかった。それに対してC. A. クーロンは，**図1.3**のようなねじり<ruby>秤<rt>はかり</rt></ruby>を考案して，絹糸でつり下げた状態の球に電荷 Q_A，Q_B を与え（図1.2），そのときに移動する距離 r を糸のばね係数をねじで変えながら測定した。これより反発力 F をデータ収集して統計処理を行うことで，関係式 (1.1) を導出した。

$$F = A\frac{Q_A Q_B}{r^2} \tag{1.1}$$

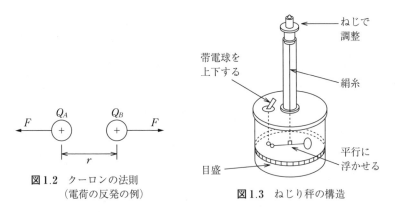

図1.2 クーロンの法則
（電荷の反発の例）

図1.3 ねじり秤の構造

この関係式に，ガウスの面積分と電界という考えを取り込むと電磁気学でなじみのある式 (1.2) が導かれる。

$$F = \frac{1}{4\pi\varepsilon_0}\frac{Q_A Q_B}{r^2} \quad (\varepsilon_0：真空の電気定数) \tag{1.2}$$

電荷の単位はC（クーロン）であるが，これにより電流の単位の必要性が生まれる。

1.3　次元と表記法

1.3.1　次　　　　　元

物理量を文字，数値，単位を使って表すルールである表記法に関して説明を行う。物理量を表す文字は次元を持っており，この関係は**表1.1**のように表される。

表1.1　国際計量系（International System of Quantities）の基本量の記号と次元の記号

基本量	基本量の記号	次元の記号
長　さ（length）	l	**L**
質　量（mass）	m	**M**
時　間（time）	t	**T**
電　流（electric current）	I	**I**
熱力学温度 （thermodynamic temperature）	T	**Θ**
物質量（amount of substance）	n	**N**
光　度（luminous intensity）	I_V	**J**

例えば，力（F）＝質量（m）×加速度（a）の場合には質量の次元を**M**，長さの次元を**L**，時間の次元を**T**とする。dim を次元を導く関数とすると

$$\dim m = \mathbf{M}, \quad \dim a = \mathbf{LT}^{-2}, \quad \dim F = \mathbf{MLT}^{-2}$$

となり，両者の次元は等しくなる。

1.3.2　量記号，単位記号の表記法

本書で使う量記号，単位記号の表記に関しておもな留意点を以下にまとめる。

・量記号は斜体（イタリック体）で書き，単位記号やその接頭語は直立体（ローマン）で書く。
・数値のあとの単位記号や＝の前後には，小さなスペースを入れる。

・量記号に単位を指定せず，数値に単位を指定する。例えば，量記号のあとに〔　〕や（　）で単位を指定する表記は行わない。これは，質量を M〔kg〕と表記した場合，M が物理量ではなく単なる数値と解釈されるためである。また，物理量＝数値×単位という意味からも $M = 1\,\text{kg}$ が正しい。$r = a\,\text{m}$ とした場合に，r が物理量，a が定数，m が単位記号であることは斜体と直立体で判断する。

・単位の除算には斜線／を用い，乗算の場合では乗算記号×を用いずに・や小さなスペースを入れて表す。

　　例えば，$1\,\text{N} = 1\,\text{m}\cdot\text{kg}\cdot\text{s}^{-2} = 1\,\text{m kg s}^{-2} = 1\,\text{m kg/s}^2$ と書くのが正解であり，$1\,\text{mkgs}^{-2}$ のように続けて書かない。

・sin，cos，log などの関数を表す記号は直立体（ローマン体）で書く。

・表，グラフ中の表記には，一般に M〔kg〕などの表記が使われることが多いが，M/kg の表記のほうが次元をなくした数値を記述するという意味では適切である。

1.4　国際単位系（SI）

　人類が道具を使い世界へ広がっていくなかで，さまざまな国々で計測に関する独自のルールを定めて用いてきた。日本では，尺貫法が明治時代まで使われていたが，この中の長さの単位（寸），容積の単位（合），重さの単位（両）は中国の前漢末期に起源がある。現在でも，土地面積を坪（2畳，約 $3.3\,\text{m}^2$）で表し，米国では，ヤード・ポンド法が生活の中で使われているように，メートル法の導入後も，民間の固有文化はなかなかなくならない。

　一方，社会生活が地球規模に拡大する過程で，国際的に統一した計量単位の必要性が高まった。メートルはフランス革命の時代に創設され 1799 年にメートルとキログラムの白金製標準器がパリ国立公文書館に収蔵保管されたことから始まり，その後，ガウスの研究，マクスウェル，トムソンらの主張に従って三つの力学系単位　センチメートル（cm），グラム（g），秒（s）に基づく

CGS 単位系が導入された。

　1875 年にメートル条約が締結して，日本は 1885 年（明治 18 年）にこの条約に加入し，1890 年に原器が日本に到着した。「メートル条約に加盟しているすべての国が採用しうる実用的な単位系」として，国際度量衡総会で 1960 年に採用されたのが国際単位系であり，その略称として SI と呼ばれている。国際度量衡総会の決議をベースにした国際文書が SI 文書であり，決議を要約して 7 個の基本単位として**表 1.2** のように定められた。

　しかしながら，キログラム原器の値が経時変動することや水の三重点で求められる温度にも精度の問題があったことから改正の機運が高まり，2018 年 11

表 1.2 旧国際単位系（旧 SI）の 7 個の基本単位

量	名　称	記号	定　義
長　さ	メートル (meter)	m	メートルは，1 秒の $\dfrac{1}{299\,792\,458}$ の時間に光が真空中を伝わる行程の長さである［第 17 回　CGPM (1983)，決議 1］。
質　量	キログラム (kilogram)	kg	キログラムは，質量の単位であって，それは，国際キログラム原器の質量に等しい［第 3 回　CGPM (1901)］。
時　間	秒 (second)	s	秒は，セシウム 133 の原子の基底状態の二つの超微細準位の間の遷移に対応する放射の周期の 9 192 631 770 倍の継続時間である［第 13 回　CGPM (1967)，決議 1］。
電　流	アンペア (ampere)	A	アンペアは，真空中に 1 メートルの間隔で平行に置かれた無限に小さい円形断面積をもつ無限に長い 2 本の直線状導体のそれぞれを流れ，これらの導体の長さ 1 メートルにつき 2×10^{-7} ニュートンの力を及ぼし合う一定の電流である［CGPM (1946)，決議 2，第 9 回 CGPM (1948)，承認］。
熱力学 的温度	ケルビン (kelvin)	K	ケルビンは，水の三重点の熱力学的温度の 1/273.16 である［第 13 回　CGPM (1967)，決議 4］。
物質量	モル (mole)	mol	モルは，0.012 キログラムの炭素 12 の中に存在する原子と同数の要素粒子を含む系の物質量である［第 14 回　CGPM (1971)，決議 3］。
光　度	カンデラ (candela)	cd	カンデラは，周波数 540×10^{12} ヘルツの単色放射を放出し，所定の方向におけるその放射強度が $\dfrac{1}{683}$ ワット毎ステラジアンである光源の，その方向における光度である［第 16 回　CGPM (1979)，決議 3］。

月 13 〜 16 日フランスにおいて，第 26 回国際度量衡総会が開催され，基本 4 単位（キログラム，モル，アンペア，ケルビン）の定義改定が審議され，新定義の採択と新定義は 2019 年 5 月 20 日から適用されることが決議された。 改定後の国際単位系ではすべての単位が定数との関係で定義され，定数の値は固定された。SI 単位の定義に含まれる七つの定数を**表 1.3** に示す。

表 1.3 SI 単位の定義に含まれる七つの定数

定数名	記号	定義値
セシウム 133 原子の摂動を受けない基底状態の超微細構造遷移周波数	$\Delta\nu_{Cs}$	9 192 631 770 Hz
真空中の光の速さ	c_0	299 792 458 m・s^{-1}
プランク定数	h	6.626 070 15×10^{-34} J・s
電子の素電荷	e	1.602 176 634×10^{-19} C
ボルツマン定数	k_B	1.380 649×10^{-23} J・K^{-1}
アボガドロ定数	N_A	6.022 140 76×10^{23} mol^{-1}
周波数 540×10^{12} Hz の単色放射の視感効果度	K_{cd}	683 lm・W^{-1}

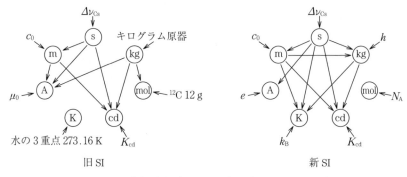

図 1.4 SI の定義値（外側）と単位（〇印）相互の間の依存関係

そして，単位は，**図 1.4** に示されるように定数とほかの単位との関係によって定義されるようになった。

七つの定数を用いて，**表 1.4** に示す七つの SI 基本単位の定義が与えられる。

表中の「定めることによって設定される」という表現がわかりにくいが，定義定数を求められるまで精度を高めた測定時の目盛がそれぞれの単位となるこ

表1.4 七つのSI基本単位の定義

量	名 称	記号	定 義
長 さ	メートル	m	メートルは長さの単位である。その大きさは，単位 $m \cdot s^{-1}$ による表現で，真空中の光速度 c の数値を正確に 299 792 458 と定めることによって設定される。
質 量	キログラム	kg	キログラムは質量の単位である。その大きさは，単位 $s^{-1} \cdot m^2 \cdot kg$（$J \cdot s$ に等しい）による表現で，プランク定数 h の数値を $6.626\,070\,15 \times 10^{-34}$ と定めることによって設定される。
時 間	秒	s	秒は時間の単位である。その大きさは，単位 s^{-1}（Hz に等しい）による表現で，非摂動・基底状態にあるセシウム133原子の超微細構造の周波数 $\Delta\nu_{Cs}$ の数値を正確に9 192 631 770と定めることによって設定される。
電 流	アンペア	A	アンペアは電流の単位である。その大きさは，電気素量 e の数値を $1.602\,176\,634 \times 10^{-19}$ と定めることによって設定される。単位は C である（$A \cdot s$ に等しい）。
温 度	ケルビン	K	ケルビンは熱力学温度の単位である。その大きさは，単位 $J \cdot K^{-1}$（$s^{-2} \cdot m^2 \cdot kgK^{-1}$ に等しい）による表現で，ボルツマン定数 k の数値を $1.380\,649 \times 10^{-23}$ と定めることによって設定される。
物質量	モル	mol	モルは物質量の単位である。1モルは正確に $6.022\,140\,76 \times 10^{23}$ の要素粒子を含む。この数値は単位 mol^{-1} による表現でアボガドロ定数 N_A の固定された数値であり，アボガドロ数と呼ばれる。
光 度	カンデラ	cd	カンデラは光度の単位であり，その大きさは，単位 $lm \cdot W^{-1}$（$s^3 \cdot m^{-2} \cdot kg^{-1} \cdot cd \cdot sr$ または $cd \cdot sr \cdot W^{-1}$ に等しい）による表現で，周波数 540×10^{12} Hz の単色光の発光効率の数値を683と定めることによって設定される。

表1.5 基本単位を用いて表されるSI組立単位の例

組立量	SI組立単位	
	名 称	記 号
面 積	平方メートル	m^2
体 積	立法メートル	m^3
速さ，速度	メートル毎秒	m/s
加速度	メートル毎秒毎秒	m/s^2
波 数	毎メートル	m^{-1}
密度（質量密度）	キログラム毎立方メートル	kg/m^3
質量体積（比体積）	立方メートル毎キログラム	m^3/kg
電流密度	アンペア毎平方メートル	A/m^2
磁界の強さ	アンペア毎メートル	A/m
濃度（物質量）	モル毎立方メートル	mol/m^3
輝 度	カンデラ毎平方メートル	cd/m^2

表 1.6　固有の名称と記号で表される SI 組立単位の例

組立量	SI 組立単位		
	固有の名称	記　号	SI 基本単位による表し方
平面角[*1]	ラジアン	rad	$m \cdot m^{-1} = 1$
立体角[*1]	ステラジアン	sr	$m^2 \cdot m^{-2} = 1$
周波数	ヘルツ	Hz	s^{-1}
力	ニュートン	N	$m \cdot kg \cdot s^{-2}$
圧力, 応力	パスカル	Pa	$m^{-1} \cdot kg \cdot s^{-2}$
エネルギー, 仕事	ジュール	J	$m^2 \cdot kg \cdot s^{-2}$
熱量, 電気量[*2]	ジュール	J	$m^2 \cdot kg \cdot s^{-2}$
仕事率, 放射束	ワット	W	$m^2 \cdot kg \cdot s^{-3}$
電荷, 電気量	クーロン	C	$s \cdot A$
電圧, 起電力	ボルト	V	$m^2 \cdot kg \cdot s^{-3} \cdot A^{-1}$
静電容量	ファラド	F	$m^{-2} \cdot kg^{-1} \cdot s^4 \cdot A^2$
電気抵抗	オーム	Ω	$m^2 \cdot kg \cdot s^{-3} \cdot A^{-2}$
コンダクタンス	ジーメンス	S	$m^{-2} \cdot kg^{-1} \cdot s^3 \cdot A^2$
磁　束	ウェーバ	Wb	$m^2 \cdot kg \cdot s^{-2} \cdot A^{-1}$
磁束密度	テスラ	T	$kg \cdot s^{-2} \cdot A^{-1}$
インダクタンス	ヘンリ	H	$m^2 \cdot kg \cdot s^{-2} \cdot A^{-2}$
セルシウス温度	セルシウス度	℃	K
光　束	ルーメン	lm	$m^2 \cdot m^{-2} \cdot cd = cd$
照　度	ルクス	lx	$m^2 \cdot m^{-4} \cdot cd = m^{-2} \cdot cd$
モーメント	ニュートンメートル	N・m	$m^2 \cdot kg \cdot s^{-2}$
角速度	ラジアン毎秒	rad/s	$m \cdot m^{-1} \cdot s^{-1} = s^{-1}$
角加速度	ラジアン毎秒毎秒	rad/s²	$m \cdot m^{-1} \cdot s^{-2} = s^{-2}$
熱伝導率	ワット毎メートル毎ケルビン	W/(m・k)	$m \cdot kg \cdot s^{-3} \cdot K^{-1}$
電界の強さ	ボルト毎メートル	V/m	$m \cdot kg \cdot s^{-3} \cdot A^{-1}$
電気変位	クーロン毎平方メートル	C/m²	$m^{-2} \cdot s \cdot A$
誘電率	ファラド毎メートル	F/m	$m^{-3} \cdot kg^{-1} \cdot s^4 \cdot A^2$
透磁率	ヘンリ毎メートル	H/m	$m \cdot kg \cdot s^{-2} \cdot A^{-2}$
放射輝度	ワット毎平方メートル毎ステラジアン	W/(m²・sr)	$m^2 \cdot m^{-2} \cdot kg \cdot s^{-3} = kg \cdot s^{-3}$

* 1　平面角（ラジアン）と立体角（ステラジアン）は, 従前は SI の補助単位として取り扱われていたが, 補助単位という階級が第 20 回国際度量衡総会（1995 年）の決議により廃止されたことに伴い, 現在では次元 1 として組立単位に組み入れられている。

* 2　課金のために, 例えば家庭用電力量計などで計測される電気量の単位はキロワット時（kW・h）である。1 kW・h = 3 600 kJ = 3.6 MJ

表 1.7　SI 接頭語

乗数	接頭語	記号	乗数	接頭語	記号
10^{24}	ヨタ（yotta）	Y	10^{-1}	デシ（deci）	d
10^{21}	ゼタ（zetta）	Z	10^{-2}	センチ（centi）	c
10^{18}	エクサ（exa）	E	10^{-3}	ミリ（milli）	m
10^{15}	ペタ（peta）	P	10^{-6}	マイクロ（micro）	μ
10^{12}	テラ（tera）	T	10^{-9}	ナノ（nano）	n
10^{9}	ギガ（giga）	G	10^{-12}	ピコ（pico）	p
10^{6}	メガ（mega）	M	10^{-15}	フェムト（femto）	f
10^{3}	キロ（kilo）	k	10^{-18}	アト（atto）	a
10^{2}	ヘクト（hecto）	h	10^{-21}	ゼプト（zepto）	z
10^{1}	デカ（deca）	da	10^{-24}	ヨクト（yocto）	y

とを規定している。時間の場合ではセシウム 133 原子の超微細構造の周波数
$\Delta\nu_{Cs}$ を測定する際にその波を 9 192 631 770 個正確に数えられる継続時間を秒
（s）とすると考えればよい。このように決まった正しい秒（s）を用いればセ
シウム 133 原子の超微細構造の周波数 $\Delta\nu_{Cs}$ は 9 192 631 770 Hz という不確かさ
のない定数となる。このように，定義値とされたものは不確かさを持たず，国
際度量衡総会での定義が変更されない限り，今後これ以上に精度が上がること
は原理的にありえない。また，新しい国際単位系を用いると，従来のキログラ
ム原器や水の三重点温度などは不確かさを持つ値となる。

　これらの基本単位からさまざまな単位が定義され，これらを組立単位と呼
ぶ。**表 1.5** に SI 組立単位の例をまとめて示す。

　また，SI 組立単位の中には固有の名称（多くは人名）を持つものもあり，
これらを**表 1.6** に示す。また，量を表す単位には 10 の乗数である記号（**表
1.7**）を SI 接頭語（prefix）として付ける。なお，SI という用語の中に，国際
単位系という意味が含まれているため，MKS 単位系のように「SI 単位系」と
はいわない。

1.5　単 位 の 例

　単位の元となる標準という概念も科学技術の進化と同時に改定が続けられて
おり，例としてメートル，秒，ならびに 2019 年に大きく改定された質量をあ
げる。

1.5.1　メ ー ト ル

　メートル（m）の以前の定義は，地球の北極から赤道までの子午線の長さの
1 000 万分の 1 であった。フランスのダンケルクとスペインのバルセロナ間の
測量によりメートルを算出してメートル原器が作られ，各国で使用するための
メートル原器が 30 本製作された。日本に配布されたものは "No.22" で，国際
メートル原器との差は 0.78 μm である。原器上で 1 m の長さを規定する目盛

線の幅が 7 μm あるため，この程度の不確かさが残ることになる。そこで，
1960 年にクリプトン（^{86}Kr）の出す光の波長を標準と定めている。

　この決議も 1983 年に更新され，現在は光速と時間から長さ 1 m を定義して
いる。これは真空中の光速の不変性と，セシウム原子時計の 10^{-13} の精度をよ
りどころとしている。

1.5.2　秒

　1 時間を 60 等分ずつに分割したのは，60 進法を使用していたバビロニア人
であり，1 日を 24 時間に分割するのはそれより以前にエジプト人によって始
められた。これにより 1 秒（s）は平均太陽日の 86 400 分の 1 の定義となっ
た。しかしながら，地球の自転の揺らぎが明らかになり 1956 年に公転による
定義が採用された。その後，1967 年よりセシウム原子が放射する約 9.2 GHz
の電磁波の周波数をもとに時間を定義することになった。近年ではさらに精度
の高い 10^{-16} を実現する光格子時計が提案されている（コラム参照）。

> **■コラム■　ストロンチウム光格子時計**
>
> 　レーザ光の干渉定在波によって作られた光格子の中に，ストロンチウム原子を
> 数 μK までレーザ冷却して約 100 万個を閉じこめる。光格子を構成するレーザの
> 波長を適切に選び（魔法波長（399.9 nm））とすると，時計遷移の基底状態と励
> 起状態の光シフトを打ち消すことができるため，光シフトの影響がきわめて少な
> くなる。2001 年，東京大学の香取秀俊によって提唱されセシウム原子時計を超
> える原子時計として期待されている。理論的にはセシウム原子時計の 1 000 倍の
> 「300 億年に 1 秒」の精度があり，2009 年に 16 桁の精度を実現している。

1.5.3　質　　　　量

　1 キログラム（kg）の当初の定義は「1 リットルの水の質量」であるが，水
の体積は温度に依存するため水の密度は温度や気圧に影響される。そこで国際
キログラム原器を元に 40 個の複製が作られて各国に配布・保管され，約 10 年
ごとに特殊な天秤を用いて国際キログラム原器と比較していたが，日本のキロ
グラム原器は国際キログラム原器に比べて 0.170 mg 重くなっていた。これら

の不確かさをなくすために原器の代わりに物理定数にもとづく質量標準が定義された。プランク定数 h の数値を $6.626\,070\,15 \times 10^{-34}$ と定めることによって設定される質量は，アインシュタインの法則から光子のエネルギーで定義してもよいが，ここではもう一つの手法であるワット天秤について述べる。

　ワット天秤では二つの異なる実験を用いて機械的な力と電磁力を比較する。**図1.5**（a）の天秤右側の質量 m の資料には重力 mg が働き，左側には放射状の地場 B の中を動くコイル（長さ L）がつるしてあり，電磁力 ILB を発生している。このため，天秤がつり合うように電流を調整すると $mg = ILB$ である。つぎに，図（b）のように右側の皿に試料をのせず，コイルを磁場中で一定速度 v で移動させ，この時にコイル両端に発生する電圧 U を測定する。この電圧は電磁誘導の法則から $U = BLv$ で計算される。最初の実験の測定値の電流 I を用いて仕事率 IU を考えると $IU = IBLv = mgv$ と計算できる。レーザ技術によって重力加速度と速度は精度よく測定できるので，IU が質量 m に換算できることがワット天秤の名前の由来となっている。電力 W＝V・A が $\mathrm{m^2 \cdot kg \cdot s^{-3}}$ となる関係からもワットがわかれば質量が計算できることがわかる。ここで，これらの電流・電圧は量子標準を用いた装置で測定するとプランク定数と長さ，時間で表現される。結果的には図1.4の質量 kg はプランク定数が定まれば設定できることになる。

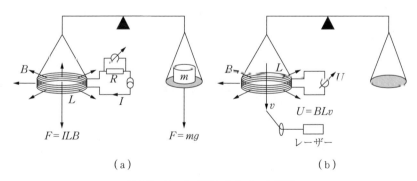

図1.5　ワット天秤による二つの測定

1.6　電気量の標準と量子標準

1.6.1　電　気　量

　表1.2に示したように，電気量のSI基本単位は電流のアンペア（A）であり，以前は2本の導線に電流 I_1, I_2 を流したとき1m当り 2×10^{-7} N の力が作用するときの値であったが，力によって電流を定義する方法による精度は 10^{-6} であり，計測標準としては精度不足であった。現在は電子数を直接測定することで「1秒間に電気素量の $1/(1.602\,176\,634\times10^{-19})$ 倍の電荷が流れることに相当する電流」となっている。この電流が決まると，質量と距離および時間から決まる電力を電流で割れば電圧が決まり，さらに電流で割ると抵抗が導びかれるが，現在では電圧と抵抗の基準は普遍性が期待できる物理現象を用いた量子標準へと移行している。

1.6.2　量　子　標　準

　1976年に交流ジョセフソン効果によって電圧標準が定められ，1990年からは量子ホール効果によって抵抗標準が定められた。これより電圧と抵抗から導き出された電流標準は，旧SIの精度よりも高かった。プランク定数 h が定義値となれば，抵抗と電圧測定においては不確かさのない量子標準値を用いることが可能になる。

演　習　問　題

[1.1]　計測と測定の関係を表す**図1.6**（参考文献4））がある。この図を用いて計測と測定の関係を説明せよ。

図 1.6

[1.2] 自宅にある測定機器を挙げ，その機器を用いて計測するためにはどのような ことをすればよいか答えよ。

[1.3] 電子は質量 $m = 9.1 \times 10^{-31}$ kg を持っているため万有引力の法則により引き合 うが，実際にはクーロンの法則により反発しあう。この理由を重力

$$F_G = G \frac{m_A m_B}{r^2}$$

とクーロン力

$$F = \frac{1}{4\pi\varepsilon_0} \frac{Q_A Q_B}{r^2}$$

の比から計算せよ。なお，電子の電荷は $Q = 1.6 \times 10^{-19}$ C，重力定数 $G = 6.67 \times 10^{-11}$ N・m^2/kg^2 である。

[1.4] 電力の単位 W は J/s であり，単位で m^2・kg・s^{-3} と表される。電力の次元を 示せ。

[1.5] 電荷の単位 C は s・A であり，力の単位 N は m・kg・s^{-2} である。クーロンの法 則より電気定数 ε_0 の単位と次元を示せ。

[1.6] 磁気定数 μ_0 と電気定数 ε_0 と光速 c との間には，$\mu_0 \varepsilon_0 = 1/c^2$ の関係がある。 この式から，磁気定数 μ_0 の単位と次元を示せ。

[1.7] 旧 SI では磁気定数 $\mu_0 - 4\pi \times 10^{-7}$ は定義値であった。これはなぜかを説明し て，現在の SI の定義における磁気定数の値を求めよ。

[1.8] 表 1.4 に示した電圧の単位 V が m^2・kg・s^{-3}・A^{-1} で定義される理由（導出の経 緯）を述べよ。

[1.9] 電荷 $Q = It = CV$ である。この式の組立単位が同じであることを示せ。

[1.10] $V = L \dfrac{di}{dt} = \dfrac{d\phi}{dt}$

を組立単位で等しいことを示せ。

[1.11] フレミングの左手の法則 $F = i \times B$ が力学の $F = ma$ と同じ組立単位となるこ

とを示せ。

[1.12] CGS 電磁単位系においては

$$F = BI_2 = \frac{I_1 I_2}{2\pi r}$$

となり，磁気定数 $\mu_0 = 1$ である。なぜこのようにできるか述べよ（CGS 電磁
単位系の電流の単位を調べよ）。

参考：CGS 電磁単位系とは**表 1.8** に示す単位系である。

表 1.8 CGS 電磁単位系

量	記 号	SI 単位	CGS 電磁単位	変換計数
磁束密度	B	T（Tesla）	G（Gauss）	$1\,\mathrm{T} = 10^4\,\mathrm{G}$
磁 界	H	A/m	Oe（Oersted）	$1\,\mathrm{A/m} = 4\pi/10^3\,\mathrm{Oe}$
磁気定数	μ_0	H/m	無次元数	$4\pi \times 10^{-7}\,\mathrm{H/m} = 1$ （cgs）

2

◇◇◇◇◇◇◇◇◇◇◇◇◇◇◇◇◇◇◇◇

測定手法と統計処理

◇◇◇◇◇◇◇◇◇◇◇◇◇◇◇◇◇◇◇◇◇◇◇◇◇◇◇◇◇◇◇◇◇◇◇◇◇◇

2.1 直接測定・間接測定と偏位法・零位法

2.1.1 測　定　法

測定を行うには，対象物の値を目盛で読み取ったり，対象物を基準量となるもの（reference）と比べる必要がある。長さを物差しで直接はかるような測定を直接測定（direct measurement）といい，面積や体積を各辺の長さを測定して計算したり，密度を体積と質量から計算するような測定を間接測定（indirect measurement）と呼ぶ。

2.1.2 目　　　盛

電気・電子計測において目盛に相当するものは，以前は指示計器と呼ばれるアナログ電流計であった。**図 2.1** のような指針の振れから目盛の $1/10$ まで数値を読み取り，値を計測する方法を偏位法（deflection method）と呼ぶ。

図 2.2 に可動コイル型電流計の原理を示す。基本原理は，フレミングの左手の法則である。中央の磁心には，透磁率が高く，残留磁束密度の小さいフェライトなどが用いられる。フェライトは磁性セラミックスであり，その中で軟磁性材料特性のものをソフトフェライトと呼ぶ。透磁率が高いため磁極からの磁束は磁心に引き寄せられ，磁心に対して垂直に入射する。コイル表面の磁束密度を B とすると，コイルに電流 I が流れるとローレンツ力 $F = I \times B$ が働くから磁心を回転させようとするトルクが発生して指針が振れる。指針には制動ば

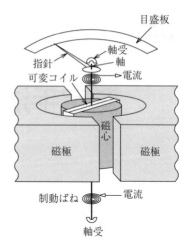

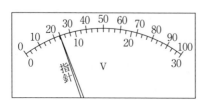

図2.1　指示計器の目盛板　　　　　図2.2　可動コイル型電流計の原理

ねが付いており，制動ばねが発生する制動トルクは指針の振れに比例して大き
くなるため，両者がつり合った位置で指針は停止する。最終的に指針の振れ角
は電流に比例するが，コイルの巻き方とばねのばね定数を精密に調整すること
が必要となる。

　現代における計測では5章で述べる A-D 変換器と呼ばれる電圧測定器を基
本としてディジタル値を得ている。この手法も直接測定・偏位法による電圧測
定といえる。

　一方，図2.3のように測定した電流と負荷にかかっている電圧から，負荷の
抵抗を求めるのが間接測定である。可動コイル型電流計を用いて電圧を測る場
合は，高抵抗を負荷に並列に入れ，そこに流れる電流を測ればよいし，A-D

図2.3　間接測定による
　　　　抵抗測定

変換器を用いて電流を測る場合は，1Ω程度の低抵抗を回路内に入れ，抵抗で発生する電圧を測る。これらも間接測定に当たる。

2.1.3 零 位 法

偏位法では精度を高めるため機器の感度を高くすると指針が振り切れてしまうという問題がある。これは，測定範囲と測定精度が相反するということを意味している。

零位法（zero method, null-method）は，検流計や天秤のような大小だけを検出する高感度計器を用いて，片一方の可変電圧，おもりを変化させて検流計に流れる電流をゼロにしたり，天秤をバランスさせたりする測定方法である（**図 2.4**）。そのときの可変電圧の大きさ・おもりの量から測定対象の値を知る方法であり，天秤ばかりがばねばかりよりも精度が高いことを類推すれば偏位法より精度が高いことが理解できると思う。

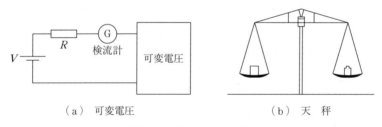

（a） 可変電圧 　　　　　　　（b） 天 秤

図 2.4 零位法による測定

ホイートストンブリッジ回路を用いると，抵抗やインピーダンスがバランスしたときに検流計に流れる電流がゼロになる。この原理を用いて抵抗やインピーダンスを測定するインピーダンスブリッジ回路なども零位法測定器である。

零位法は可変電圧の大きさ・おもりの量を増やせば原理上どこまででも測れるから測定範囲と測定精度が相反しないという利点がある。しかし，検流計や天秤がバランスするまで，可変電圧の大きさ・おもりの量を繰り返し変え続けなければならず，高精度の可変電圧が必要になったり，測定に時間がかかった

りするという問題がある。

　そこで，測定量からある量だけ差し引き，その残りを計器などの偏位法で測る方法が補償法（compensation method）である。

2.2　有効数字

　いま，図2.1の指示計器においてフルスケールが30Vとして指針の振れを7.1Vと読んだとしよう。目盛の1/10は目測ではあるが，7.0や7.2よりは7.1に近いと判断したため最後の位の1という数字には意味がある。このとき，有効数字は2桁であるという。精度の異なる電圧計と電流計で電圧と電流を測定して，間接測定で抵抗を計算する場合，有効数字はどのようになるかを説明する。

　有効数字の桁数が異なる数値を用いた計算におけるルールを説明する。

①　和と差は小数点以下の桁をそろえる。

　　$2.14 + 1.718 = 3.858$ となりそうであるが，2.14は小数点3桁以下が四捨五入されているから合計値の小数点3桁以下は意味がない。このため，小数点3桁以下を四捨五入して，$2.14 + 1.718 \fallingdotseq 3.86$ とすればよく，有効数字の少ない数字に小数点以下の桁をそろえる。

②　積と商は桁数をそろえる。

　　$2.24 \times 1.718 = 3.848\,32$ において，2.24は小数点3桁以下が四捨五入されているから明らかにおかしいことがわかる。このようなときには，有効数字の桁数が少ないほうに合わせて $2.24 \times 1.718 \fallingdotseq 3.85$ が正しい。

2.3　不確かさと測定

2.3.1　不確かさ

　測定結果の信頼性の指標として不確かさ（uncertainty）の概念に基づく表記法が国際的に推奨されている。以前は，測定値から真の値を引いたものを誤差

（error）と呼んでいたが，測定である以上「真の値（true value）」を知ること
はできないという考えから，不確かさとは，「測定の結果に付随した，合理的
に測定量に結び付けられ得る値のばらつきを特徴付けるパラメータ」と定義さ
れる。「合理的に測定量に結び付けられ得る値」が以前の「真の値」に相当す
る。

　個々の観測値の持つ不確かさには，観測者に起因するものとそうでないもの
があるが，どちらも確率分布に基づいて標準偏差として定量化できる。このよ
うな統計的に推定可能なばらつきをＡタイプの不確かさと呼ぶ。一方，それ
以外のさまざまな情報による推定に基づくばらつきをＢタイプの不確かさと
呼び，この両者を不確かさの伝搬法則（2.4節で説明）によって合成して，最
終的な測定結果の合成標準不確かさを算出する。

　Ｂタイプのさまざまな不確かさの成分には，計測者が知り得る限りのあらゆ
る成分を入れるため，不確かさの質は計測者の知識に影響される。Ｂタイプの
不確かさは偏りによるものであり，系統誤差（systematic error）に似たもの
である。

　Ａタイプの不確かさは個人誤差，統計誤差，ランダム誤差と呼ばれていたも
のに似ているが同じものではない。

2.3.2　測定と標準偏差

　ある測定量 X を同じ条件で n 回測定して，x_1, x_2, $\cdots$, x_n なる観測値を得
たとする。この平均値 $\overline{x}$ は

$$\overline{x} = \frac{x_1 + x_2 + \cdots + x_n}{n} \tag{2.1}$$

で与えられる。

　観測値 x_i と平均値 $\overline{x}$ との差

$$\delta_i = x_i - \overline{x} \tag{2.2}$$

を残差（residual）と定義する。残差の合計は $\Sigma\delta_i = \Sigma x_i - n\overline{x} = 0$ となりゼロと
なる。

実験標準偏差（experimental standard deviation）σ_x は

$$\sigma_x = \sqrt{\frac{1}{n-1}\sum \delta_i^2} \tag{2.3}$$

で与えられる。測定回数 n が増えても標準偏差 σ_x はほとんど変わらない。

つぎに，式 (2.4) で定義される $\sigma_{\bar{x}}$ を平均の実験標準偏差という。

$$\sigma_{\bar{x}} = \sqrt{\frac{1}{n(n-1)}\sum \delta_i^2} \tag{2.4}$$

実験標準偏差 σ_x との間には

$$\sigma_{\bar{x}} = \frac{1}{\sqrt{n}}\sigma_x \tag{2.5}$$

の関係があり，測定回数 n を増やしていくと，平均の実験標準偏差は少なくなり精度が上がることがわかる。

一つの量を同じ条件で繰り返して測定した場合，その結果は最終的に，平均 $\bar{x}$ と平均の実験標準偏差 $\sigma_{\bar{x}}$ を用いて $\bar{x} \pm \sigma_{\bar{x}}$ と表す。最も確からしい値が $\bar{x}$ であり，その値には $\sigma_{\bar{x}}$ の不確かさがあるということを意味している。この表記においては $\bar{x}$ と $\sigma_{\bar{x}}$ の小数点の桁数をそろえ，12.14 ± 0.02 のように書く。

例題 2.1　ある抵抗を測定したところ $r_1 = 10.2\,\Omega$，$r_2 = 8.9\,\Omega$，$r_1 = 10.3\,\Omega$，$r_1 = 9.5\,\Omega$ であった。平均値，標準偏差，平均の標準偏差を求め，平均の実験標準偏差 $\sigma_{\bar{x}}$ を用いて表せ。

【解答】　平均値 $\bar{x}$ は

$$\bar{x} = \frac{10.2 + 8.9 + 10.3 + 9.5}{4} = 9.725$$

となる。平均値の演算に関しては先ほどの有効数字の考え方は適用しない。残差は，0.475，-0.825，0.575，-0.225 であり合計するとゼロであり，標準偏差を計算すると 0.655，平均の標準偏差は 0.328 であり，9.725 ± 0.328 または 9.73 ± 0.33 となる。

☆

続いて，この表記による二つの数字の計算について説明する。

①　和は $\bar{x}$ と $\sigma_{\bar{x}}$ をそれぞれ足し合わせる。差は $\bar{x}$ の数字は引き，$\sigma_{\bar{x}}$ の数字

は±の符号が異なることも考えて足し合わせる。不確かさを％で表記してあるときは，数字に戻して計算する。

② 積と商は％などの比率で表記して $(1+x)(1+y) \doteqdot 1+x+y$，$x, y \ll 1$，$(1+x)^{-1} \doteqdot 1-x$，$x \ll 1$ を利用して計算する。

例題 2.2 つぎの計算をせよ。

（a）
$$\begin{array}{r} 34.56 \pm 0.03 \\ +)\ 12.34 \pm 0.02 \end{array}$$

（b）
$$\begin{array}{r} 34.56 \pm 0.03 \\ -)\ 12.34 \pm 0.02 \end{array}$$

（c）
$$\begin{array}{r} 100 \pm 2\ \% \\ +)\ 20 \pm 10\ \% \end{array}$$

（d）
$$\begin{array}{r} 100 \pm 10\ \% \\ -)\ 20 \pm 10\ \% \end{array}$$

【解答】（a） 46.90 ± 0.05 （b） 22.22 ± 0.05

（c），（d）に関しては，いったん数字に戻して計算して％表示に戻す。

$$\begin{array}{r} 100 \pm 2 \\ +)\ \ 20 \pm 2 \\ \hline 120 \pm 4 \end{array} \qquad \begin{array}{r} 100 \pm 10 \\ -)\ \ 20 \pm 2 \\ \hline 80 \pm 12 \end{array}$$

より

（c） $120 \pm 3.3\ \%$ （d） $80 \pm 15\ \%$ ☆

例題 2.3 つぎの計算をせよ。

（e）
$$\begin{array}{r} 100 \pm 2\ \% \\ \times)\ \ 2 \pm 10\ \% \end{array}$$

（f）
$$\dfrac{100 \pm 5\ \%}{5 \pm 2\ \%}$$

（g）
$$\begin{array}{r} 100 \pm 2 \\ \times)\ \ 5 \pm 1 \end{array}$$

（h）
$$\dfrac{100 \pm 2}{20 \pm 1}$$

【解答】 積，商の計算においては $(1+x)(1+y) \doteqdot 1+x+y$，$x, y \ll 1$ を利用する。

（e） $200 \pm 12\ \%$ （f） $20 \pm 7\ \%$ （g） 500 ± 110 （h） 5 ± 35

（g），（h）に関しては，いったん％に戻して計算し，数字表示に戻す。

（g）
$$\begin{array}{r} 100 \pm 2\ \% \\ \times)\ \ 5 \pm 20\ \% \\ \hline 500 \pm 22\ \% \end{array}$$

（h）
$$\dfrac{100 \pm 2\ \%}{20 \pm 5\ \%} = 5 \pm 7\ \%$$

2.4　不確かさの伝搬

　間接測定の際に重要となる不確かさの伝搬（propagation）について述べる。いま，各辺が X, Y, Z の直方体を考える。体積 $V = XYZ$ となるが，各辺に正負の ΔX，ΔY，ΔZ の不確かさがあった場合，体積の不確かさ ΔV を考える。$V + \Delta V = (X + \Delta X)(Y + \Delta Y)(Z + \Delta Z)$ を展開するか，直方体をイメージして考えると $V + \Delta V = XYZ + YZ\Delta X + XZ\Delta Y + XY\Delta Z$ となる。

　これより，$\Delta V = YZ\Delta X + XZ\Delta Y + XY\Delta Z$ となり，両辺を V で割ると

$$\frac{\Delta V}{V} = \frac{\Delta X}{X} + \frac{\Delta Y}{Y} + \frac{\Delta Z}{Z} \tag{2.6}$$

　式 (2.6) は，実関数 $V = f(X, Y, Z)$ に対する全微分の式

$$dV = \frac{\partial V}{\partial X}dX + \frac{\partial V}{\partial Y}dY + \frac{\partial V}{\partial Z}dZ \tag{2.7}$$

に対応していることがわかる。

　では，変数がべき乗になっているときはどうなるであろうか？　簡単な例として $V = X^2 Z$ を考える。全微分を用いて

$$dV = \frac{\partial V}{\partial X}dX + \frac{\partial V}{\partial Z}dZ$$

より

$$dV = 2XZdX + X^2 dZ$$

となる式が導出される。$V + \Delta V = (X + \Delta X)^2 (Z + \Delta Z)$ を展開したり，図式解法から $V + \Delta V = X^2 Z + 2XZ\Delta X + X^2 \Delta Z$ も導かれる。すなわち

$$\frac{\Delta V}{V} = 2\frac{\Delta X}{X} + \frac{\Delta Z}{Z} \tag{2.8}$$

となり，べき乗の指数が前に出てくることがわかる。

　不確かさの伝搬においてべき乗の場合に指数の数字が前に出ることを述べたが，指数には負の場合もありうる。例えば，関数 $f = Ax^m y^n z^l$（A は定数）の場合には

$$\frac{\partial f}{\partial x} = Amx^{m-1}y^n z^l$$

などから

$$\delta f = A(mx^{m-1}y^n z^l \delta x + nx^m y^{n-1} z^l \delta y + lx^m y^n z^{l-1}\delta z)$$

であり，両辺を $f = Ax^m y^n z^l$ で割ると

$$\frac{\delta f}{f} = m\frac{\delta x}{x} + n\frac{\delta y}{y} + \iota\frac{\delta z}{z}$$

であり，ここで m, n, l が負であった場合は値が減少してしまうが，δx の代わりに平均の実験標準偏差 $\delta\bar{x}$ を考えると正負両方に振れるから，$\delta\bar{f}$ としては最大値を考える必要がある。すなわち

$$\left|\frac{\delta\bar{f}}{\bar{f}}\right| = \left|m\frac{\delta\bar{x}}{\bar{x}}\right| + \left|n\frac{\delta\bar{y}}{\bar{y}}\right| + \left|\iota\frac{\delta\bar{z}}{\bar{z}}\right| \tag{2.9}$$

となる。さらに，より正しくは

$$\left|\frac{\delta\bar{f}}{\bar{f}}\right| = \sqrt{\left(m\frac{\delta\bar{x}}{\bar{x}}\right)^2 + \left(n\frac{\delta\bar{y}}{\bar{y}}\right)^2 + \left(\iota\frac{\delta\bar{z}}{\bar{z}}\right)^2} \tag{2.10}$$

となり，$\delta\bar{f}$ は

$$\delta\bar{f} = \left(\left|m\frac{\delta\bar{x}}{\bar{x}}\right| + \left|n\frac{\delta\bar{y}}{\bar{y}}\right| + \left|\iota\frac{\bar{z}}{\bar{z}}\right|\right)|\bar{f}|$$

または

$$\delta\bar{f} = \sqrt{\left(m\frac{\delta\bar{x}}{\bar{x}}\right)^2 + \left(n\frac{\delta\bar{y}}{\bar{y}}\right)^2 + \left(\iota\frac{\delta\bar{z}}{\bar{z}}\right)^2}|\bar{f}| \tag{2.11}$$

となる。

$$\left|\frac{\delta f}{\bar{f}}\right|, \quad \left|\frac{\delta x}{\bar{x}}\right|$$

などはそれぞれ相対不確かさに相当する。

例題 2.4　半径 R，高さ L の円柱の体積 V を求め，不確かさ ΔV を ΔR，ΔL を用いて表せ。

【解答】　$V = \pi R^2 L$ より

$$\Delta V = \left(2\frac{\Delta R}{R} + \frac{\Delta L}{L}\right) V$$

で表される。   ☆

2.5 誤   差

誤差は測定値から真の値を引くことと定義されるが，測定である以上「真の値」を知ることはできないという考えの一方で，円の内角が180°であるように「真の値」がわかっているものもある。また，「合理的に測定量に結び付けられ得る値」が信頼できる先行測定で得られている場合や理論値が得られる場合，それらを「真の値」とみなすことが一般的に行われている。測定値を M，真の値を T とすると誤差 $\varepsilon = M - T$ であり，この誤差を%で表したのが百分率誤差であり

$$\frac{\varepsilon}{T} \times 100 = \left(\frac{M}{T} - 1\right) \times 100 \,\% \tag{2.12}$$

として定義される。この%表示は相対不確かさを表現する際にも用いられる。

測定器自体の持つ不確かさを測定器誤差（検定交差）として，測定器の正確さを表したのが計器の階級である（**表 2.1**）。この許容差は確度（accuracy）とも呼ばれ，ディジタル測定器の仕様書にも記載されている。ディジタル表示された数字にも必ず不確かさが含まれることを認識してほしい。

表2.1で1.0級の測定器がどの程度の不確かさを持っているか確認する。

表 2.1　指示計器の階級と許容差および用途

階　級	許容差	用　途
0.2 級	定格値の ±0.2 %	副標準器用
0.5 級	定格値の ±0.5 %	精密測定用
1.0 級	定格値の ±1.0 %	普通の測定用
1.5 級	定格値の ±1.5 %	工業用の普通測定用（大型配電盤用）
2.5 級	定格値の ±2.5 %	正確を重視しない測定用（小型配電盤用）

(JIS C 1102 による)

例題 2.5　図 2.1 の電圧計において 0 ～ 100 V レンジを用いていたとすると読みは 24 V となる。この計器が 1.0 級であったとしてこの値にどの程度の不確かさがあるか計算せよ。

【解答】　フルスケールの値を定格値と呼び，この場合 100 V となる。したがって，計器の不確かさとして 0.01 × 100 V = 1 V を持つから，24 V は 24 V ± 1 V が正しい表記となる。相対不確かさは不確かさを測定結果の絶対値で除したものであり，測定の正確さを表す。この場合の相対不確かさは

$$\frac{1}{24} \times 100 = 4.2\,\%$$

となる。この相対不確かさは指針の振れを 100 V に近づければ 1 % に近づくから，測定においてはできるだけ指針を振らせてフルスケールに近いところで測定することが必要である。つまり，不確かさが一定であった場合は，ディジタル測定器を含めて測定値（目盛の読み）が大きいほど相対不確かさは小さくなる。　　　　　　　　☆

2.6　正 規 分 布

2.6.1　ガ ウ ス 分 布

いま，n 回の測定をして，その値を測定値と分布頻度でグラフ化すると，**図 2.5** のようになることがイメージできると思う。

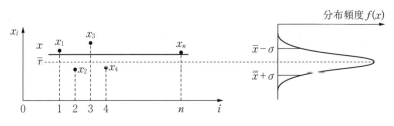

図 2.5　測定値と分布頻度の関係

平均値 $\overline{x}$ を中心にして頻度が減少しているこの関数を表したのが中世の数学者 K. F. ガウスである。ガウス関数は

$$f(x) = a \exp\left\{ -\frac{(x-b)^2}{c^2} \right\}$$

であり, a, b, c は定数で, b が平均値 $\overline{x}$ に相当する。

$b = 0$ すなわち $\overline{x} = 0$ とすることを正規化と呼ぶが, この式で

$$\int_{-\infty}^{\infty} f(x)dx = 1$$

となるように比例定数 a の値を求める。定数 c の代わりに $h = 1/c$ を用いて 0 ～∞まで積分すると式 (2.13) が得られる。

$$\int_{0}^{\infty} e^{-h^2 x^2} dx = \frac{\sqrt{\pi}}{2h} \tag{2.13}$$

これはガウス積分と呼ばれる式である。これより $a = h/\sqrt{\pi}$ とすれば

$$\int_{-\infty}^{\infty} f(x)dx = 1$$

が満たされるから, ガウス分布は一般に次式のように表される。

$$y = \frac{h}{\sqrt{\pi}} e^{-h^2 x^2} \tag{2.14}$$

ここで h は定数である。

2.6.2 正 規 分 布

つぎに, h と式 (2.3) の標準偏差 σ の関係を導く。標準偏差 σ の 2 乗が分散であり, 分散の加算式を積分で表すと次式となる。

$$
\begin{aligned}
\sigma^2 &= \int_{-\infty}^{\infty} x^2 \frac{h}{\sqrt{\pi}} e^{-h^2 x^2} dx = \frac{2h}{\sqrt{\pi}} \int_{0}^{\infty} x^2 e^{-h^2 x^2} dx \\
&= \frac{2h}{\sqrt{\pi}} \int_{0}^{\infty} x \left(-\frac{1}{2h^2} e^{-h^2 x^2} \right)' dx \\
&= \left[-\frac{1}{h\sqrt{\pi}} \frac{x}{e^{h^2 x^2}} \right]_{0}^{\infty} + \frac{1}{h\sqrt{\pi}} \int_{0}^{\infty} e^{-h^2 x^2} dx \tag{2.15}
\end{aligned}
$$

上式の第 1 項の値はゼロであり, 第 2 項は式 (2.13) から $1/2h^2$ であるから, $\sigma^2 = 1/2h^2$ となる。標準偏差の値は測定対象によってまちまちであるが, ある標準偏差が与えられたとき, そのガウス分布は

$$h = \frac{1}{\sqrt{2}} \frac{1}{\sigma}$$

であるから正規分布と呼ばれる次式が得られる。

$$f(x) = \frac{1}{\sqrt{2\pi}} \frac{1}{\sigma} e^{-\frac{1}{2}\left(\frac{x}{\sigma}\right)^2} \tag{2.16}$$

$1/\sqrt{2\pi} \fallingdotseq 0.4$ と近似できるから，この関数は**図 2.6** になる。

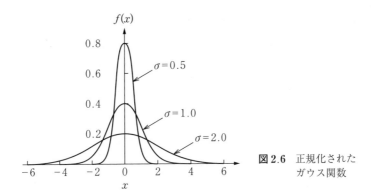

図 2.6　正規化された
ガウス関数

また，平均値 $\bar{x}$ を考えた場合の正規分布の式は式 (2.17) となる。

$$f(x) = \frac{1}{\sqrt{2\pi}} \frac{1}{\sigma} e^{-\frac{1}{2}\left(\frac{x-\bar{x}}{\sigma}\right)^2} \tag{2.17}$$

この式は全面積を積分すると 1 になるから，**図 2.7** のような頻度の確率分布
と考えることができる。

0 を中心として，$\pm\sigma$ の範囲の面積を積分すると 0.683 となる。逆に，面積

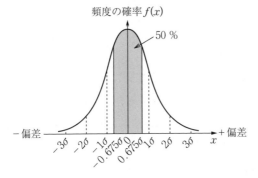

図 2.7　正規分布の頻度
の確率分布

が0.5となる x の値 $x = r$ は

$$2\int_0^r \frac{1}{\sqrt{2\pi}} \frac{1}{\sigma} e^{-\frac{1}{2}\left(\frac{x}{\sigma}\right)^2} dx = 0.5$$

を計算すると $r = \pm 0.675\sigma$ となる。

2.6.3 標準偏差と不確かさ

図2.6の分布を持つ測定対象を1回測定したとき，データ1個当りの不確かさはどうなるかを考える。式 (2.5) において1回の測定であれば不確かさは σ であることがわかり，これより図2.7のデータ1個当りのタイプAの不確かさは σ である。

つぎに，タイプBの不確かさを考える。表2.1に示した計器の階級において1.0級は ± 1 ％の許容差がある。複数のユーザがこの計器を購入して測定した場合，数値のばらつきは ± 1 ％の範囲内で一様分布（矩形分布）すると考えられる。偏りがゼロで幅 $\pm a$ の分布の標準偏差は $a/\sqrt{3}$ であるから，タイプBの不確かさは0.58％となる。

計測値において△△ $\pm$ ○○という記述があるとき，この $\pm$ ○○はタイプAとタイプBの合成標準不確かさから計算される。産業界ではさらに拡張不確かさ $U = k\sigma$ （k は包含係数と呼ばれ，通常 $k = 2$ とする）が採用されている。図2.7で $\pm 2\sigma$ に入る確率は95.45％であり妥当な係数といえる。

2.7 最 小 二 乗 法

2.7.1 1変数最小二乗法

式 (2.1) においてある測定量 X を n 回測定して得た観測値 $x_1, x_2, \cdots, x_n$ の算術平均 $\bar{x}$ について述べた。いま，未知数 a, b があり，2変数 $(x_1, y_1), (x_2, y_2), \cdots, (x_n, y_n)$ の観測値に対して $y = ax + b$ なる関係があるとする。このときに a, b の値を求める手法として最小二乗法がある。

初めに，観測値が1変数 $(x_1, x_2, \cdots, x_n)$ であった場合，その最確値 x_0 を求め

る。x_0 は次式が最小となる値として定義される。

$$P = \sum_{i=1}^{n} \left(x_i - x_0 \right)^2 \tag{2.18}$$

P が最小となるための条件は $dP/dx_0 = 0$ であるから左辺を計算すると

$$-2\sum_{i=1}^{n} \left(x_i - x_0 \right) = 0 \tag{2.19}$$

であるから

$$nx_0 = \sum_{i=1}^{n} x_i \tag{2.20}$$

より最確値 x_0 は算術平均 $\overline{x}$ と同じになる。

2.7.2　2変数最小二乗法

2変数 (x, y) の場合は $(x_1, y_1), (x_2, y_2), \cdots, (x_n, y_n)$ を $y = ax + b$ に代入して

$$P = \sum_{i=1}^{n} \left(y_i - ax_i - b \right)^2 \tag{2.21}$$

が最小となるように a, b を求める。初めに a に対して偏微分したものがゼロになるとすると

$$2\sum_{i=1}^{n} -\left(y_i - ax_i - b \right) x_i = 0 \tag{2.22}$$

であるから整理して

$$a\sum_{i=1}^{n} x_i^2 + b\sum_{i=1}^{n} x_i = \sum_{i=1}^{n} x_i y_i \tag{2.23}$$

続いて，b に対して偏微分したものがゼロになるとすると

$$2\sum_{i=1}^{n} -\left(y_i - ax_i - b \right) = 0 \tag{2.24}$$

より

$$a\sum_{i=1}^{n} x_i + nb = \sum_{i=1}^{n} y_i \tag{2.25}$$

となり，この連立方程式を解くことで a, b の推定値 $\langle a \rangle, \langle b \rangle$ が求まる。

$$\langle a \rangle = \frac{n\sum_{i=1}^{n} x_i y_i - \sum_{i=1}^{n} x_i \sum_{i=1}^{n} y_i}{n\sum_{i=1}^{n} x_i^2 - \left(\sum_{i=1}^{n} x_i\right)^2}$$

$$\langle b \rangle = \frac{\sum_{i=1}^{n} x_i^2 \sum_{i=1}^{n} y_i - \sum_{i=1}^{n} x_i y_i \sum_{i=1}^{n} x_i}{n\sum_{i=1}^{n} x_i^2 - \left(\sum_{i=1}^{n} x_i\right)^2}$$

(2.26)

例題 2.6　　ある温度センサを測定したところ温度 x と電圧 y の間で**表 2.2** の結果が得られた。この温度センサの出力特性を示せ。

表 2.2　温度と電圧の関係

n	$x/℃$	y/V
1	10.0	2.12
2	20.0	3.06
3	30.0	4.22
4	40.0	5.50
5	50.0	6.45

【解答】　出力電圧を $y = ax + b$ として $\langle a \rangle$, $\langle b \rangle$ を求める。**表 2.3** の結果から

$$\langle a \rangle = \frac{5 \times 752 - 150.0 \times 21.35}{5 \times 5\,500 - 150.0^2} = 0.112, \quad \langle b \rangle = \frac{5\,500 \times 21.35 - 752 \times 150.0}{5 \times 5\,500 - 150.0^2} = 0.925$$

表 2.3　温度と電圧ならびに x^2, y^2, xy の関係

n	$x/℃$	y/V	$x^2/℃^2$	y^2/V^2	$xy/℃\cdot\mathrm{V}$
1	10.0	2.12	100	4.49	21.2
2	20.0	3.06	400	9.36	61.2
3	30.0	4.22	900	17.8	127
4	40.0	5.50	1 600	30.3	220
5	50.0	6.45	2 500	41.6	323
合計	150.0	21.35	5 500	103.5	752

☆

最小二乗法は計算が面倒だと思うかもしれないが，表 2.3 は表計算ソフトで簡単に計算できるし，さらに表計算ソフトのグラフ表示の近似曲線で数式を求める（**図 2.8**）と，それらの係数は最小二乗法に従って計算していることがわかる。試しに例題や章末問題に関して適当な表計算ソフトでグラフ化して近似式を用いて〈a〉と〈b〉の値を求め，計算値とほぼ同じになることを確認してみよう。

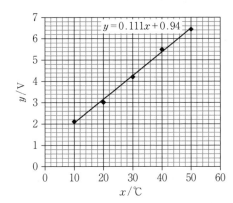

図 2.8 温度と x 電圧 y の関係および近似式

演 習 問 題

[**2.1**] 零位法の原理を図を使って説明せよ。ばね秤，天秤，電子天秤の精度を述べよ。また，この中で零位法の原理を用いたものはどれか。

[**2.2**] 100 Ω の抵抗として市販されている 5 個の抵抗を測定したところ $r_1 = 100.2$ Ω，$r_2 = 98.9$ Ω，$r_3 = 101.3$ Ω，$r_4 = 99.5$ Ω，$r_5 = 99.9$ Ω であった。平均値，実験標準偏差，平均の実験標準偏差を求めよ。

[**2.3**] 上記の抵抗の標準偏差を統計電卓，または Windows 統計電卓で検算せよ。

[**2.4**] 12.16 ± 0.31 と 4.45 ± 0.11 の足し算，引き算，掛け算，割り算を計算せよ。

[**2.5**] 16.34 ± 10 ％と 10.21 ± 5 ％の足し算，引き算，掛け算，割り算を計算せよ。

[**2.6**] 抵抗 $R = V/I$ としたときの不確かさ ΔR を正負の不確かさ ΔV と ΔI で求めよ。

[**2.7**] 半径 R，高さ L の円錐の体積 V を求め，不確かさ ΔV を ΔR，ΔL を用いて表せ。

[**2.8**] 図 2.1 の計器において 0 〜 30 V レンジで測定した。計器の階級が 1.5 級のときの読みと不確かさを計算せよ。

[**2.9**] 測定データの分布において偏りが 0 で幅 ±a, 頻度 1/2a の標準偏差を計算せよ。

[**2.10**] 例題 2.1 の結果 9.73±0.33 においてタイプ B の不確かさが 0.1 Ω であった。合成不確かさを求めよ。また, 包含係数 $k = 2$ としたときの拡張不確かさを計算せよ。

[**2.11**] ある実験で温度と電圧の測定値が**表 2.4** となった。温度を x, 電圧を y として $y = ax + b$ の a, b の値を求めよ。

表 2.4

温度 /℃	-20	0	20	40	60	80	100
電圧 /V	1.81	2.30	2.83	3.40	3.95	4.40	4.95

[**2.12**] 抵抗は温度 T が高くなると抵抗値が大きくなり, その値 $R(T)$ は温度 T に対して一次近似すると次式となる。

$$R(T) = R_0\{1 + \alpha(T - T_0)\}$$

銅の抵抗値を測定したところ**表 2.5** のデータが得られた。$T_0 = 20$℃ として R_0 と α の値を求めよ。

表 2.5

温度 /℃	0	10	20	30	40	50
抵抗 /Ω	7.20	7.41	7.62	7.83	8.04	8.25

3

◇◇◇◇◇◇◇◇◇◇◇◇◇◇◇◇◇◇◇◇◇◇◇◇◇◇◇◇◇◇◇◇◇◇◇◇◇◇

雑　　　　　音

◇◇◇◇◇◇◇◇◇◇◇◇◇◇◇◇◇◇◇◇◇◇◇◇◇◇◇◇◇◇◇◇◇◇◇◇◇◇

3.1　デ シ ベ ル

3.1.1　デシベルの定義

計測を行おうとすると信号以外の雑音によって，正確な値が得られなくなったり，信号の検出が不可能になったりすることがある。雑音の大きさは電力として表現することが多く，雑音電力の比を表す単位にはデシベルが用いられる。

ある回路の入力電力 P_{in} と出力電力 P_{out} の比を電力利得（power gain）と呼ぶ。この電力利得を

$$G = 10 \log_{10} \left(\frac{P_{out}}{P_{in}} \right) \tag{3.1}$$

として計算し，デシベル（decibel，dB）の単位で表現する。対数表記は広い範囲の数を表記できるという利点があり，さらに，人間の耳や目なども振動エネルギーや光エネルギーの対数出力を脳に伝えているため人間の感覚とよく一致する。このため，増幅度，周波数特性，音量，騒音レベルに関しては dB が用いられる。

3.1.2　デシベルの演算

複数の回路を縦続接続した**図 3.1** の回路において，最終的な電力利得は

$$\frac{P_{out}}{P_{in}} = \frac{P_1}{P_{in}} \frac{P_2}{P_1} \frac{P_3}{P_2} \frac{P_{out}}{P_3} \tag{3.2}$$

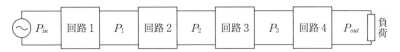

図 3.1　縦続接続した回路の各部の電力

で与えられる。dB による全利得は

$$G = 10 \log_{10}\left(\frac{P_{out}}{P_{in}}\right)$$

$$= 10 \log_{10}\left(\frac{P_1}{P_{in}}\right) + 10 \log_{10}\left(\frac{P_2}{P_1}\right) + 10 \log_{10}\left(\frac{P_3}{P_2}\right) + 10 \log_{10}\left(\frac{P_{out}}{P_3}\right) \quad (3.3)$$

として，各段の利得の足し算で計算できる。

3.1.3　電圧を用いたデシベルの定義と dBm

回路中で信号の大小を電圧で表している場合は，**図 3.2** において入力抵抗 R_{in} と負荷抵抗 R_L を等しいとおくと

$$G = 10 \log_{10}\left(\frac{P_{out}}{P_{in}}\right) = 10 \log_{10}\left(\frac{V_{out}^{\,2}}{R_L} \times \frac{R_{in}}{V_{in}^{\,2}}\right) = 20 \log_{10}\left(\frac{V_{out}}{V_{in}}\right) \quad (3.4)$$

と表される。

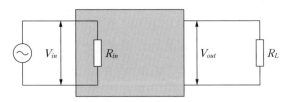

図 3.2　入力電圧と出力電圧

dB は入出力の相対比であるため，電力 P に関して 1 mW を基準として，$10 \log_{10}(P/1\,\text{mW})$ で単位 dBm と表示する。すなわち

$$1\,\text{mW} \to 10 \log_{10}1 = 0\,\text{dBm}$$

$$10\,\text{mW} \to 10 \log_{10}10 = 10\,\text{dBm}$$

$$100\,\text{mW} \to 10 \log_{10}100 = 20\,\text{dBm}$$

と表される。

3.2 熱　雑　音

　雑音（noise）はシステム内で発生する内部雑音と外来雑音に分けられる。内部雑音には熱雑音（thermal noise），ショット雑音（shot noise），$1/f$雑音がある。初めに内部雑音に関して説明する。測定回路やセンサでは抵抗器が用いられるが，その抵抗値が生じる原因は原子核の熱振動であるから温度 T が高くなると固有抵抗が変化して抵抗値が変化する。その値 $R(T)$ は，厳密には温度 T に対して非線形であるが一次近似した式（3.5）がよく用いられる。

$$R(T) = R_0\{1 + \alpha(T - T_0)\} \tag{3.5}$$

　ここで，R_0 は基準温度 T_0 での抵抗値であり，α は温度係数で，金属薄膜の場合は±数 10 ppm/℃，炭素皮膜で±数 100 ppm/℃，半導体材料では拡散濃度にもよるが数千 ppm/℃ 程度である。この抵抗 R では，原子核の振動に伴い起電力に相当する雑音が発生する。これを熱雑音と呼び

$$\overline{e_n^2} = 4kTRB \tag{3.6}$$

で与えられる。ここで，k はボルツマン定数（1.38×10^{-23} J/K），B は帯域幅である。熱雑音は電圧として考えられるから，**図 3.3**（a）の等価回路で表すことができる。また，電圧源と電流源の変換を行えば，図（b）のように式（3.7）の二乗平均の雑音電流 $\overline{l_n^2}$ と並列抵抗 R の回路となる。

$$\overline{l_n^2} = \frac{\overline{e_n^2}}{R^2} = 4kT\frac{B}{R} \tag{3.7}$$

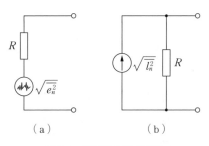

（a）　　　　　　　　（b）

図 3.3　熱雑音の等価回路

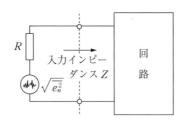

図 3.4 受信機に入る
雑音電圧

この抵抗を**図 3.4** のような入力インピーダンス Z の回路に接続したとする。この回路において消費される雑音電力 P は

$$P = \frac{\overline{e_n^2}}{(R+Z)^2} Z \tag{3.8}$$

となり，N_i を有能入力雑音電力とすると

$$N_i = \frac{\overline{e_n^2}}{4R} = kTB \tag{3.9}$$

となる。すなわち，雑音源から観測できる電力の最大値はボルツマン定数と温度で決まることがわかる。

3.3 ショット雑音，$1/f$ 雑音

ショット雑音は散弾雑音ともいう。トランジスタやダイオードでは印加された電界で電子がドリフトして，個々の電子はランダムに pn 接合などの障壁を乗り越えてその足し合せの結果として電流値 I となる。その際の電子の移動平均速度の不確かさ分布をポアソン分布と考えると，ダイオードに生じる雑音電流の二乗平均は

$$\overline{i^2} = 2qIB \tag{3.10}$$

と計算される。ここで q は電子の電荷（1.6×10^{-19}C），I は平均電流，B は雑音の帯域幅である。

$1/f$ 雑音またはフリッカ雑音は，パワースペクトルが $1/f$ の形をしており，雑音のパワーは低周波ほど大きくなる。異なる種類の材料が接触している部分で発生する雑音で，MOSFET などで問題となる電流性雑音であり

$$\overline{l_f^2} = \frac{KI^2}{f}B \tag{3.11}$$

で与えられる。ここで，K は素子の形や材質で決まる定数である。

　また，$1/f$ 雑音とは別に，周波数のべき乗の関係がある雑音をローレンツスペクトル雑音と呼ぶ。

　以上を，横軸を周波数としてプロットすると**図 3.5** のような周波数依存性を持つパワースペクトルが得られる。

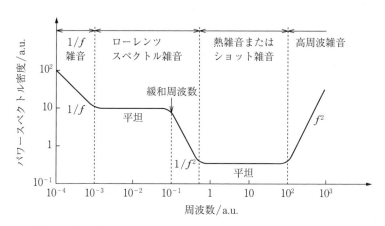

図 3.5　素子（電界効果トランジスタなど）の雑音のパワースペクトル

3.4　外　来　雑　音

　微弱信号の計測においては外来雑音に悩まされることが多いが，適切なシールドと部品，配線，接続を用いることで低減できる。

　外来雑音としては，空中から伝わってくるものとして

・静電誘導，電磁誘導，電磁波障害

電源コードや信号線からくるものとして

・電源雑音，コモンモード雑音

などがある。

　静電誘導と電磁誘導は式（3.12）のマクスウェルの方程式で説明できる。

$$\nabla \times H - \frac{\partial D}{\partial t} = j, \qquad \nabla \times E + \frac{\partial B}{\partial t} = 0 \qquad (3.12)$$

ここで，D は電束密度，H は磁界の強さ，j は電流密度，E は電界，B は磁束密度である。図3.6（a）のように，2本の信号線の間にはキャパシタ（浮遊容量）が形成され，そのインピーダンスは高周波になるほど小さくなるから，片一方の信号線に大電流が流れればもう片方の信号線にも電流が流れ込むことになる。この際，配線間を電子が直接移動するのではなく，電荷によって電界が発生して電束の変化が電流として流れるわけであり，これが式 (3.12) の第1式で表現されている。接地した金属板（シールド）を間に入れると，図（b）のようにこの電界が遮断され，電流は GND 電位に流れ込むことになる。このため，測定器は接地された金属のケースに入れることが推奨される。

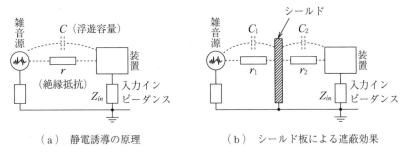

（a）静電誘導の原理　　　　　　　　（b）シールド板による遮蔽効果

図3.6　静電誘導の原理とシールド板による遮蔽効果

電磁誘導は，式 (3.12) の第2式によるもので，電源線を流れる電流などで発生した磁界が信号線に電流を誘起することが原因となる。低周波の磁界の遮断は金属板では困難なため，電磁誘導を減らすには，図3.7 のように信号線と

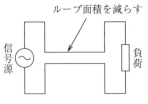

図3.7　電磁誘導を減らすためのパターン

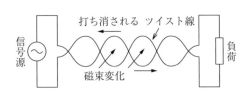

図3.8　ツイストペアケーブルの原理

GND線でループを作らないことが重要である。また，信号線に単芯を用いず
に図3.8に示すツイスト線を用いることで影響を減らすことができる。回路基
板の配線においてもループパターンを作らないことが重要である。

　信号が高周波になると，信号線や基板上の配線パターンがアンテナとなり，
電波として空中に放出することになる。電磁波は光速で空気中を伝わり，光速
を周波数で割ったものが波長になる。その波長の1/2または1/4の長さの金
属線の端で，その周波数で電流を振動させると定在波が発生する。1/2波長の
アンテナの場合は中央の，1/4波長のアンテナの場合はその端に振動する電界
が現れ，空気中の磁界を振動させ電磁波が空中に放出される。この電波がほか
の機器に照射され，受信アンテナとなっている信号線パターンなどで電流にな
り信号に混入するのが電磁波障害である。

　電磁波障害は金属板などで遮蔽できるが，近年のディジタル機器の高周波化
と無線機器の普及で，電磁波障害は機器内部でも大きな問題を引き起こすこと
がある。これらの雑音に対して，外部雑音を受けない工夫も大切であるが，ほ
かの機器に影響を与えないよう外部に出さないことも重要である。このことを
電磁両立性（Electro-Magnetic Compatibility, EMC）と呼び，電磁的な不干渉
性および耐性を上げるには，図3.9のようにケースの接地，シールド線による
遮蔽を行うことが好ましい。電源線からの雑音はノイズフィルタを入れること
で取り除くことができる。ノイズフィルタの代表としては図3.10に示す*LC*
低域フィルタがある。インダクタンスは高周波でインピーダンスが高くなり，
キャパシタンスは低くなるから高周波信号を遮蔽したり，貫通させたりするこ
とで負荷への高周波雑音を低減できる。

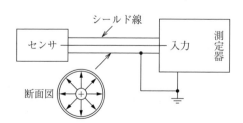

図3.9　シールド線の構造と
　　　　それによる遮蔽

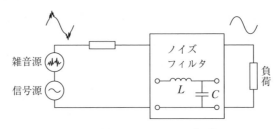

図 3.10 *LC* 低域フィルタによる電源線からの
雑音の除去方法

図 3.11 に示すコモンモード雑音は，信号線と GND 線と両方に同位相で入る信号である。4 章で述べる差動増幅回路は正負の入力端子の差を出力するため，理想的にはコモンモード雑音は出力電圧には影響を与えないが，実際にはコモンモード雑音に応じた出力が現れる。さらに，片方の端子を通って大地（アース）にループ電流が流れる際に，測定器の GND 端子電圧を変動させ，信号源と測定器が遠隔にある場合はさらに誤差原因となったり，ループから大きな電磁波雑音を出す原因となる。

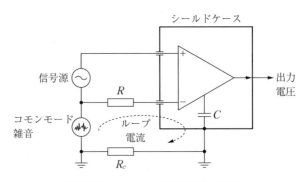

図 3.11 コモンモード雑音とその影響

また，ディジタル回路では素子がスイッチングする際に発生する消費電流により，電源線に大きなスパイクノイズを出してほかの素子に影響を与えることがある。このため，**図 3.12**（a）に示すように，パスコンと呼ばれるキャパシタを電源端子 V_{DD} と GND 端子の間に入れることで外からの高周波雑音を入れない，外部に雑音を出さないという工夫がなされる。ディジタルノイズはイン

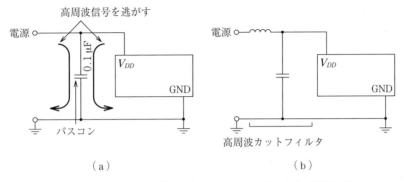

図 3.12 ディジタル素子におけるスイッチングノイズの低減方法

ダクタやフェライトビーズと呼ばれる素子を用いた高周波カットフィルタを図
（ｂ）のように入れることでさらに低減させることができる。

3.5 SN 比と雑音指数 F

3.5.1 SN 比 の 定 義

回路において信号 S 成分の電力と雑音 N 成分の電力の比を dB で表したもの
を SN 比と呼ぶ。いま，信号電力を P_s，信号電圧を V_s，雑音電力を P_n，雑音
電圧を V_n とすると SN 比は次式で定義される

$$\text{SN 比} = 10 \log_{10} \frac{P_s}{P_n} = 20 \log_{10} \frac{V_s}{V_n} \tag{3.13}$$

SN 比が大きいほど，雑音に比べ信号が大きいことを意味する。

3.5.2 雑音指数の定義

図 3.13 のように，受信機の入力部の SN 比が S_i / N_i であり，出力部の SN 比
が S_o / N_o である場合を考える。このとき，受信機が雑音をどの程度発生して
いるかの目安になるのが雑音指数 F であり

$$F = \frac{S_i / N_i}{S_o / N_o} \tag{3.14}$$

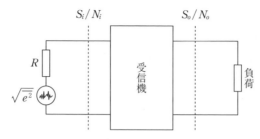

図 3.13　受信機の入力と出力の SN 比

で定義され，回路内で雑音が増える割合を意味しており，回路内の雑音が大きいほど出力での SN 比 S_o/N_o は低下する。理想的な場合，つまり信号も雑音も等しく増幅され内部で発生する雑音がなければ入力と出力の SN 比は等しいから $F = 1(0\,\text{dB})$ である。逆に，F が大きいほど回路雑音が大きいことになる。

　利得を G として入力雑音 N_i が熱雑音のみと考え，**図 3.14** に示すように増幅器で ΔN の雑音が加わった場合，式 (3.14) の雑音指数 F は

$$F = \frac{N_o}{kTBG} = \frac{kTBG + \Delta N}{kTBG} = 1 + \frac{\Delta N}{kTBG} \tag{3.15}$$

$$\Delta N = (F - 1)kTBG \tag{3.16}$$

となる。式 (3.16) より出力の雑音は初段の入力雑音に雑音指数 F と利得を掛ければ計算できる。

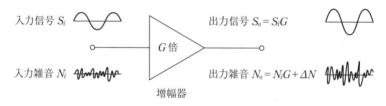

図 3.14　増幅器の信号と雑音の波形

図 3.15 のように増幅器の 2 段接続の場合には

$$F_1 = \frac{N_o'}{kTBG_1}$$

であり，全体の雑音指数は式 (3.15) との類推から

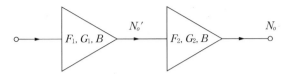

図 3.15 2 段接続の増幅器

$$F_0 = \frac{N_o}{kTBG_1G_2} \tag{3.17}$$

式 (3.16) を使って

$$N_o = kTBF_1G_1G_2 + (F_2-1)kTBG_2 \tag{3.18}$$

となり，式 (3.17) に代入すれば

$$F_0 = F_1 + \frac{F_2-1}{G_1} \tag{3.19}$$

が得られる。F_2 は 1 を引かれて G_1 で割られているから影響は少なく，F_1 がほとんどの成分で支配的となる。

例題 3.1 信号電力 $P_s = 100\,\text{mW}$，雑音電力 $P_n = 1\,\text{mW}$ のときの SN 比を求めよ。

【解答】 信号電力と雑音電力の比 $P_s/P_n = 100$ 倍より，SN 比は 20 dB となる。　☆

例題 3.2 増幅器の入力信号 $S_i = 10\,\text{mW}$，信号雑音 $N_i = 1\,\text{mW}$，増幅器の電力利得 $G = 10\,\text{dB}$，増幅器内部で発生する雑音 $\Delta N = 2\,\text{mW}$ としたときの雑音指数を求めよ。

【解答】 電力利得 $G = 10\,\text{dB}$ は 10 倍であるから

$$S_o = S_i \times G = 10 \times 10 = 100\,\text{mW}$$

$$N_o = N_i \times G + \Delta N = 10 \times 1 + 2 = 12\,\text{mW}$$

$$\frac{S_i}{N_i} = \frac{10}{1} = 10, \quad \frac{S_o}{N_o} = \frac{100}{12} = 8.3$$

となる。よって，$F = 1.2$ が得られる。　　　　　　　　　　　　　　　☆

演 習 問 題

[3.1] 入力電圧 0.1 mV，出力電圧 2 V のときの電圧利得を求めよ。

[3.2] 入力電力 10 mW，出力電力 10 W のときの電力利得を求めよ。

[3.3] 500 mW の電力を dBm で表せ。

[3.4] 1段目の電圧利得 30 dB，2段目の電圧利得 20 dB，3段目の電圧利得 10 dB の多段増幅器がある。合計の電圧利得を計算せよ。この増幅器に電圧 10 μV を入力したときの出力電圧の値を答えよ。

[3.5] 室温 $T = 300$ K のとき $R = 10$ kΩ の抵抗がある。バンド幅 $B = 1$ MHz のときの熱雑音を計算せよ。また，温度が $T = 600$ K のときの熱雑音を計算せよ。ただし，基準温度が 300 K のときの温度係数 α は 1 000 ppm/℃ とする。ここで，ppm は parts per million（百万分率）を表す割合の単位である。

[3.6] $I = 1$ mA，$B = 1$ MHz のときのショット雑音を計算せよ。

[3.7] 外来雑音を抑えるためには，どのようなケーブルとケースを用いればよいか答えよ。

[3.8] 電源線や信号線からの雑音を抑える手法を三つ挙げよ。

[3.9] 入力電圧 10 mV，雑音電圧 2 mV のときの SN 比は何 dB か求めよ。

[3.10] 電圧利得 40 dB の増幅器があり，入力信号に雑音電圧ゼロの 1 mV の信号電圧を入れたときの出力電圧の値を求めよ。さらに，内部雑音電圧により 10 mV 出力に現れるとすると全体の SN 比は何 dB か求めよ。

[3.11] 増幅器に入力信号電力 10 mW で入力電力雑音 0.1 mW を入力した。増幅器の電力利得 10 dB として，増幅器内部で発生する雑音が 1 mW としたときの雑音指数を求めよ。

[3.12] 増幅器の入力電圧 10 mV，入力雑音電圧 0.1 mV，増幅器の電圧利得 20 dB，増幅器内部で発生する雑音 10 mV としたときの雑音指数を求めよ。

[3.13] 雑音指数 2，増幅器の入力信号 50 mW，入力雑音 1 mW，増幅器の電力利得 20 dB のとき，増幅器で発生する出力雑音電力を求めよ。

[3.14] 増幅器を 2 段接続したとき，雑音指数が 1.5 であった。1段目の雑音指数が 1.3，利得が 10 倍のとき，2段目の雑音指数を求めよ。

[3.15] 前問 [3.14] で回路全体の雑音指数を 1.4 にするには，2段目の雑音指数をどのような値にすればよいか求めよ。

4 ◇◇◇◇◇◇◇◇◇◇◇◇◇◇◇◇◇◇◇◇◇◇◇◇

演算増幅器とフィルタ

◇◇

4.1 演算増幅器の原理と種類

4.1.1 演算増幅器とは

　アナログ（analog）回路における基本素子である演算増幅器（operational amplifier）は，直流から高い周波数の微弱信号をきわめて大きく増幅できる差動増幅器であり，増幅，アナログ演算，フィルタ（filter），発振器（oscillator），比較器（comparator）などさまざまな用途に用いられる。その図記号を**図 4.1**（a）に示す。入出力特性は図（b）のようになり，正負の入力の差に応じて出力電圧が変化する。入力電圧と出力電圧が比例関係にある範囲では出力電圧は次式で与えられる。

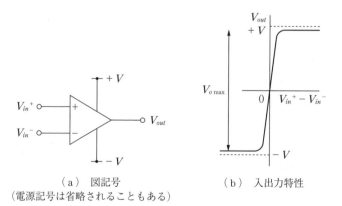

（a）　図記号
（電源記号は省略されることもある）

（b）　入出力特性

図 4.1　演算増幅器の図記号と入出力特性

$$V_{out} = A(V_{in}^+ - V_{in}^-) \tag{4.1}$$

演算増幅器の電源電圧は正負2電源の場合と単電源の場合があり，およそ中間の電圧を基準とする。2電源の場合はGND電位が基準となり，単電源の場合は電源電圧の半分程度が基準として用いられる。実際の演算増幅器で式(4.1)の利得Aは数万倍から数百万倍の値を取る。数μV程度の電圧で容易に電源電圧の値まで振り切れてしまう。増幅できる周波数は演算増幅器の種類（回路構成と製造プロセス）により異なるが数MHzから数百MHzくらいである。一般に，高性能になればなるほど消費電流が大きくなり高価になる。

4.1.2 構 成 と 特 性

演算増幅器は，数十個のトランジスタ，抵抗，キャパシタをシリコン基板上に集積化した集積回路（integrated circuit, IC）によって実現されている。集積回路技術によって，高性能で高信頼性を持つ素子が低コストで実現され，さまざまな計測回路が構成できるようになった。演算増幅器の内部は，**図4.2**に示すように初段の差動増幅段，中段の高利得増幅段，最終出力段の3段構成である。

表4.1に代表的な演算増幅器の諸特性を示す。ここで，2列目の開ループ利

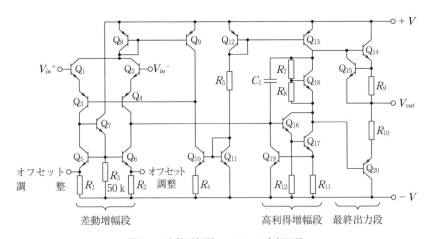

図4.2 演算増幅器μA741Cの内部回路

表 4.1　代表的な演算増幅器の主要特性

型　番	開ループ利得 dB	利得帯域幅 MHz	入力オフセット電圧 mV	入力バイアス電流 nA	スルーレート V/μS	消費電流 mA	雑音電圧密度 nV/√Hz @1 kHz	雑音電流密度 pA/√Hz	初段素子	特　徴
μA741C	106	1	1	80	0.5	1.7	23	– –	BJT	元祖
NJM4558D	100	3	0.5	25	1	3.5	10	0.5	BJT	低雑音
TL071C	106	3	3	65 pA	13	1.4	18	0.01	JFET	低雑音
LF356	106	5	3	30 pA	12	5.0	12	0.01	JFET	汎用
LT1028	150	75	0.02	18	15	7.6	0.9	1.0	BJT	低ひずみ
OP07D	112	0.6	0.04	100 pA	0.2	1.1	10	0.074	BJT	高精度
LM358	110	1	2	40	0.5	0.8	–	–	BJT	単一電源
LMC662	110	1.4	1	2 fA	1.1	0.8	22	0.000 2	MOS	CMOS
ICL7560	120	2.0	0.007	1.5 pA	2.8	1.2		0.01	MOS	チョッパ

得は式 (4.1) の A に相当する。増幅器には増幅できる上限周波数があり，開ループ利得に上限周波数を掛け合わせたのが，3 列目の利得帯域幅であり，この値が大きいほど高性能といえる。図 4.2 の回路の $V_{in}{}^{+}$ と $V_{in}{}^{-}$ に同じ電圧を入れると式 (4.1) より $V_{out}=0$ であるが，実際の演算増幅器では，製造上のミスマッチによりある有限の値が出ており，この値を利得 A で割り，入力換算したものを 4 列目の入力オフセット電圧 V_{OS} と呼ぶ。オフセット電圧は温度で変化するがその特性をオフセット電圧の温度特性という。5 列目のバイアス電流は入力端子に流れ込む電流で，6 列目のスルーレートは回路の応答の良さを示す数値である。これらを 7 列目の消費電流と見比べるとそれぞれ長所短所があり，使い分けられる理由がわかると思う。なお，これら値は典型値であり製品ごとにある程度の製造ばらつきがある。

4.1.3　フィードバック

演算増幅器で増幅回路やフィルタ回路を作る場合には，増幅器出力の一部を負の入力に戻し，増幅度を下げる代わりに特性の安定化や所望の増幅・演算特性を得る手法が用いられる。これをネガティブフィードバック（負帰還）と呼び，アナログ回路の基本原理の一つである。出力電圧と負入力に戻す信号の比

を帰還係数 β と呼び，β を用いてフィードバックを行った増幅器（**図 4.3**）の出力は式 (4.2) で計算される。$V_{out} = A(V_I - V_F)$，$V_F = \beta V_{out}$ より

$$V_{out} = A\left(V_I - \beta V_{out}\right) = \frac{A}{1 + A\beta} V_I = \frac{1}{\dfrac{1}{A} + \beta} V_I \tag{4.2}$$

$A \to \infty$ とすると

$$V_{out} = \frac{1}{\beta} V_I$$

であり，ここで

$$\beta = \frac{R_1}{R_1 + R_2}$$

より

$$V_{out} = \left(1 + \frac{R_2}{R_1}\right) V_I \tag{4.3}$$

となる。フィードバックを行うことで，回路の利得そのものは減少するが，周波数特性や安定性・温度特性は向上する。

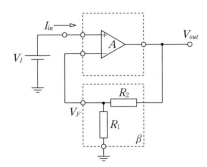

図 4.3 ネガティブフィードバック
を行った増幅器

4.1.4 入 力 抵 抗

図 4.3 の回路において，信号からみた演算増幅器の抵抗（入力抵抗）を計算すると，入力抵抗 R_{in} は $R_{in} = V_I / I_{in}$ で与えられる。入力電流 I_{in} は表 4.1 の入力バイアス電流が目安になり，この入力バイアス電流で計算すると，演算増幅器を構成するトランジスタの種類によって 10 MΩ から 100 GΩ 程度の範囲とな

る。一方，演算増幅器の出力抵抗の値は，最終出力段の電流駆動能力によって決まり，典型的には数十 Ω である。これより演算増幅器の等価回路は**図 4.4**のように表すことができる。

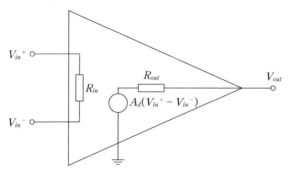

図 4.4 演算増幅器の等価回路

いま，図の出力に，入力抵抗 R_{in} の負荷を接続したとき，V_{out} の値を計算すると

$$V_{out} = \frac{A_d\left(V_{in}{}^{+} - V_{in}{}^{-}\right)R_{in}}{R_{in} + R_{out}} \tag{4.4}$$

であり，$R_{in} \gg R_{out}$ のとき $V_{out} = A_d(V_{in}{}^{+} - V_{in}{}^{-})$ となる。すなわち，電圧を後段へ確実に伝えるためには $R_{in} \gg R_{out}$ の条件が好ましく，これをできる限り満たすように演算増幅器は設計されている。

4.2 演算増幅器を用いた各種回路

4.2.1 バッファ回路

図 4.3 の回路において $R_1 = \infty$，$R_2 = 0$ とすると $\beta = 1$ となり，入力電圧と出力電圧が同じになる。この回路は電圧ホロワ（voltage follower）と呼ばれるが，入力抵抗は高く，出力抵抗は低くなっており，出力の電流駆動能力が上がることになり，別名，バッファ回路（buffer circuit）とも呼ばれる（**図 4.5**）。

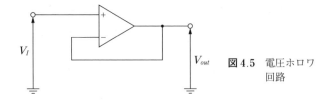

図4.5 電圧ホロワ回路

4.2.2 加 算 回 路

演算増幅器の出力の計算方法として，出力が有限値であれば $A \doteqdot \infty$ より $V_{in}^{+} \doteqdot V_{in}^{-}$ となることを用いて回路方程式を解く手法もある。この手法で計算したアナログ回路の例を図4.6に示す。

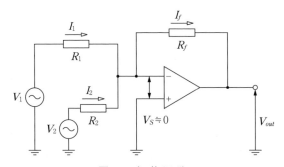

図4.6 加 算 回 路

入力側に注目すると－端子の電圧はほぼゼロと考えられるから

$$I_1 = \frac{V_1}{R_1}, \quad I_2 = \frac{V_2}{R_2}$$

演算増幅器は入力抵抗がほぼ無限大であり，電流はほぼすべてフィードバック抵抗に流れるため

$$V_{out} = -R_f I_f = -R_f \left(I_1 + I_2\right) = -R_f \left(\frac{V_1}{R_1} + \frac{V_2}{R_2}\right) \tag{4.5}$$

$R = R_1 = R_2$ の場合には

$$V_{out} = -\frac{R_f}{R}\left(V_1 + V_2\right) \tag{4.6}$$

となる。いま，一つの入力 V_1 に注目すると $R_f/R > 1$ であれば出力は入力 V_1

よりも負の方向に大きくなる。入力が一つの場合の回路を反転増幅回路と呼ぶ。式 (4.6) では二つの入力が足し合わされて増幅されているため，この回路を加算回路と呼ぶ。

例題 4.1　**図 4.7** の回路の増幅度と入力抵抗を計算せよ。

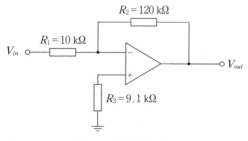

図 4.7　反転増幅回路

【解答】　抵抗 R_3 に演算増幅器から流れ出る入力バイアス電流はきわめて微小なため＋端子は GND 電位としてよい。$V_{in}^{+} \doteqdot V_{in}^{-}$ の条件より－端子もほぼ GND 電位のため

$$A = -\frac{R_2}{R_1} = -\frac{120}{10} = -12 \text{ 倍}$$

となる。理想演算増幅器では R_3 を取り除いても同じ出力となるが，実際の演算増幅器では入力バイアス電流があるため，図 4.7 の回路のほうが入力バイアス電流が v^+ と v^- に与える影響が等しくなり精度が高くなる。

入力抵抗は $R_{in} = V_{in}/I_{in}$ で与えられる。－端子はほぼ GND 電位（仮想接地）であるため入力端子から流れる電流は $I_{in} = V_{in}/R_1$ となり，入力抵抗は R_1 となる。　　☆

4.2.3　差動増幅回路

熱電対，ホール素子，圧力センサや高速シリアル通信信号は差動出力となっている。これらの信号を増幅するのが差動増幅回路（differential amplifier）と呼ばれる回路であり，**図 4.8** の回路の出力電圧は

$$V_{out} = -\frac{R_2}{R_1}(V_1 - V_2) \tag{4.7}$$

となる。式 (4.7) は，重ね合わせの理で計算できる。いま，V_2 をゼロとすれ

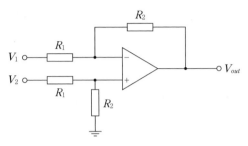

図 4.8 差動増幅回路

ば出力電圧

$$V_{out} = -\frac{R_2}{R_1} V_1$$

である。また，V_1 をゼロとすれば V_2 は抵抗 R_1 と R_2 で分圧され，さらに非反転増幅器としての利得で増幅されるから，出力電圧は

$$V_{out} = \frac{R_2}{R_1} V_2$$

である。このため，両者の重ね合わせで式 (4.7) が導かれる。

4.2.4 計装増幅回路

図 4.8 の差動増幅器の入力抵抗は $R_1 + R_2$ となるため，出力インピーダンスの大きなセンサなどでは図 4.4 で述べた出力低下が起こる。そこで，入力インピーダンスが大きな回路構成として**図 4.9** の計装増幅回路（instrumentation amplifier）がある。

　この回路の解析にも，重ね合わせの理を用いて V_1 有限，$V_2 = 0$ と，$V_1 = 0$，V_2 有限の値を足し合わせればよい。

$$V_{out} = \left(1 + \frac{R_{f2}}{R_{s2}}\right) V_2 - \left(1 + \frac{R_{s1}}{R_{f1}}\right)\frac{R_{f2}}{R_{s2}} V_1 \tag{4.8}$$

となるから $R_{f1} = R_{f2} = R_f$，$R_{s1} = R_{s2} = R_s$ なら

$$V_{out} = \left(1 + \frac{R_f}{R_s}\right)(V_2 - V_1) \tag{4.9}$$

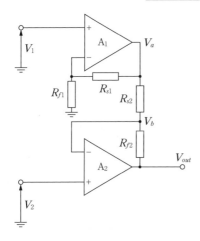

図 4.9 二つの演算増幅器を
用いた計装増幅回路

となる。入力抵抗は演算増幅器の入力抵抗と同じになる。

図 4.8 の差動増幅器の初段にバッファ回路を設けた**図 4.10** の回路では出力
は式 (4.7) と同じになるが，入力抵抗は大きくなる。

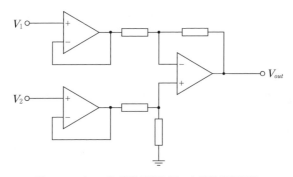

図 4.10 三つの演算増幅器を用いた計装増幅回路

この回路構成をさらに発展した**図 4.11** の回路構成がある。この回路も重ね
合わせの理で計算でき

$$V_{out} = \left\{1 + 2\left(\frac{R}{R_1}\right)\right\}(V_2 - V_1) \tag{4.10}$$

となる。図 3.11 でコモンモード雑音に関して述べたが，この回路は，同相電
圧に対する除去効果も元の演算増幅器よりも向上することから計測回路やセン

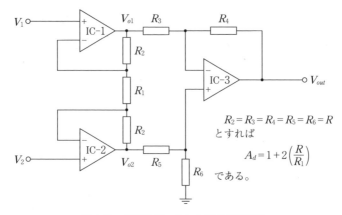

図 4.11　実際に用いられる計装増幅回路

サ増幅回路によく用いられる。

4.2.5　積　分　回　路

図 4.12 の積分回路（integrator）の入力電流は $I_1 = V_1/R = I_f$ であり，これが
キャパシタ C に流れ込むため，C の端子電圧は

$$V_{out} = -\frac{1}{C}\int I_f dt = -\frac{1}{C}\int \frac{V_1}{R}dt = -\frac{1}{CR}\int V_1 dt \tag{4.11}$$

となり，積分動作をする。また，抵抗とキャパシタを逆にすると微分回路とな
る。

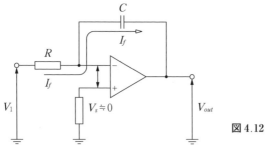

図 4.12　積　分　回　路

4.3 フ ィ ル タ

4.3.1 フィルタの種類

フィルタ（filter）回路はアナログ信号処理の基本であり，特定の周波数成分の信号を透過させる特性を持ち，**図4.13**のように低い周波数を通過させる低域フィルタ（low-pass filter），高い周波数を通過させる高域フィルタ（high-pass filter），特定の周波数帯を通過させる帯域フィルタ（band-pass filter），特定の周波数帯を遮断する帯域消去フィルタ（band-stop filter）の4種類のフィルタがある。

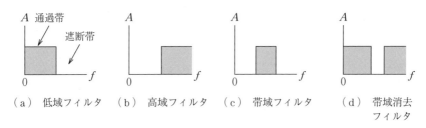

（a） 低域フィルタ　（b） 高域フィルタ　（c） 帯域フィルタ　（d） 帯域消去
　　　　　　　　　　　　　　　　　　　　　　　　　　　　　　　　　　フィルタ

図4.13　代表的なフィルタの種類と特性

4.3.2 一次低域フィルタ

一次低域フィルタを演算増幅器で構成したのが**図4.14**であり，反転増幅器におけるフィードバック抵抗が抵抗 R とキャパシタ C の並列回路になったものと考えられるから，電圧利得 G は

$$G = -\frac{1}{R_S}\left(\frac{\dfrac{R}{j\omega C}}{R + \dfrac{1}{j\omega C}}\right) = -\frac{R}{R_S}\frac{1}{1 + j\omega CR} \tag{4.12}$$

となる。ここで，$R = R_s$ とすれば

$$G = -\frac{1}{1 + j\omega CR}$$

となる。また

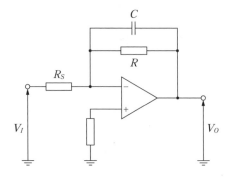

図 4.14 一次低域フィルタ

$$f_c = \frac{1}{2\pi CR}$$

とすれば

$$G = -\frac{1}{1 + j\dfrac{f}{f_c}} \tag{4.13}$$

である。

4.3.3 二次低域フィルタと効果

二次特性を持つ低域フィルタと高域フィルタを**図 4.15** に示す。ここで，二次という意味は式 (4.13) の分母が周波数の二次関数になるという意味であり，二次関数の解によって特性が変わってくるが，減衰領域では周波数が 10 倍になると利得は 1/100 になる。

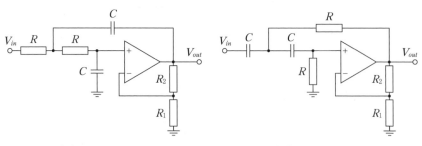

（a） 低域フィルタ   （b） 高域フィルタ

図 4.15 二次低域フィルタと二次高域フィルタ

　低域フィルタを用いて高周波雑音を除去するイメージを**図 4.16** に示す。信号をフーリエ変換によりパワースペクトルにした図において，低域フィルタにより高周波成分を取り除けば滑らかな信号波形が得られる。

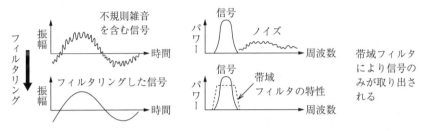

図 4.16　低域フィルタによる高周波雑音除去の効果

　このフィルタリングと似た効果を持つものとして平滑化がある。フィルタリングがアナログ動作により高周波信号を除去するのに対して，平滑化はサンプリングされたディジタル信号を加算して高周波成分を取り除く手法である。不規則ノイズを含む信号が $x(i)$ で与えられたとき $x(i)$ の過去のデータをもとに

$$y(i) = \frac{1}{m} \sum_{j=0}^{m-1} x(i-j) \tag{4.14}$$

を計算して再表示していけば，不規則雑音は加算平均により除去され，**図 4.17** の波形と周波数スペクトルが得られる。

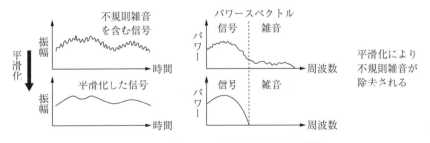

図 4.17　平滑化による不規則雑音の除去の効果

演 習 問 題

[**4.1**]　図 4.3 の非反転増幅器を μA741C と OP07D を用いて製作したとき，入力抵抗 $R_{in} = V_{in}/I_{in}$ を $V_{in} = 1$ V として，入力バイアス電流の典型値から計算せよ。

[**4.2**]　式 (4.8) の計算をせよ。

[**4.3**]　式 (4.10) の計算をせよ。

[**4.4**]　表 4.1 の中のスルーレートとは何か。どのようなときに問題となるか。

[**4.5**]　表 4.1 の μA741C を用いて 1 kHz を中心にバンド幅 $B = 100$ Hz の交流増幅器を作った。このときに増幅器で発生する雑音を計算せよ。

[**4.6**]　図 4.7 の反転増幅器を μA741C と OP07D を用いて作ったとき，オフセット電圧による出力電圧は何 V か計算せよ。

[**4.7**]　図 4.14 の低域フィルタでカットオフ周波数を 1 kHz となるように設計した。周波数 1 MHz の 1 V の信号を入力したときに，出力に現れる電圧は何 V か。

[**4.8**]　図 4.12 の積分回路は出力が安定しないため，図 4.14 の低域フィルタにおいて抵抗 R を高抵抗（MΩ 以上）にして積分回路の代用とすることがある。$R_s = 1$ kΩ，$C = 1$ μF，$R = 1$ MΩ の回路のボード線図を描き，積分回路として代用できる理由を説明せよ。

5 ◇◇◇◇◇◇◇◇◇◇◇◇◇◇◇◇◇◇◇◇

A-D 変換器，電圧測定

5.1 A-D 変換器の原理と種類

5.1.1 A-D 変換器とディジタル

電圧測定には，かつては可動コイル型と呼ばれる指針式計器が用いられていたが，現在はレンジ切換え式ディジタル表示の電圧計が多く用いられる。この仕組みは**図 5.1**のようになっており，A-D 変換器がキーデバイスとなっている。

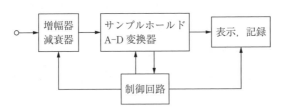

図 5.1 ディジタル電圧計の構成要素

A-D 変換器による電圧計測は，内蔵の電子目盛で読み取る偏位法と考えることができる。A-D 変換器の入力範囲は電源電圧程度であり，微小電圧に対しては前段の増幅器で増幅して入力する。電源電圧よりも大きい電圧に関しては抵抗を二つ組み合わせた減衰器で小さくして，A-D 変換器の許容電圧範囲にする。それらの値をサンプルホールド回路で一定時間保持したのち，A-D 変換器でディジタル値に変換する。これらの動作を制御回路で制御しながら 10 進数に変換して表示や記録を行う。

図 5.2 にサンプルホールド回路の一例とその変換波形を示す。サンプリングする時間を ΔT とすると, A-D 変換後, アナログ量に再変換するときの再生可能上限周波数は $1/(2\Delta T)$ であり, これを標本化定理 (sampling theorem) という。

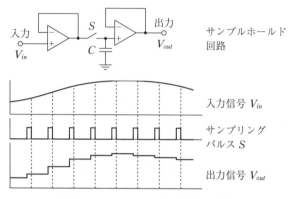

図 5.2　サンプルホールド回路と変換波形

A-D 変換器は, 速度, 分解能や価格などの要求から多くの種類が開発されている。いくつかの分類法が考えられるが, 速度によって分類すると**表** 5.1 のようになる。一般に低速用は高分解能 (12 〜 22 bit), 中速用は中分解能 (8 〜 20 bit), 高速用は低分解能 (6 〜 12 bit) であり, ディジタル計器などの数値表示用には低速が, オシロスコープなどの波形表示用には高速用の A-D 変換器が用いられる。

表 5.1　A-D 変換器の諸方式

変換速度	方　式	応用分野	特　徴
低速用 (数 ms 〜数 s)	二重積分方式 電荷平衡方式	ディジタルマルチメータ, 温度計, 電子はかり	入力電圧の積分波形の傾斜を利用して変換する。時間がかかるが高分解能。
中速用 (数 μs 〜数 ms)	逐次比較方式 $\Delta\Sigma$ 方式	オーディオ, プロセス制御, PCM 通信	比較器を用いて大小判別を行い, 内部の D-A 変換器との差がなくなるよう帰還をかける。
高速用 (数 ns 〜数 μs)	並列比較方式 直並列比較方式	ビデオ, 高速ディジタルオシロスコープ	多数の比較器を用いて同時に複数ビットの A-D 変換を行う。高速度であるが回路が大規模。

5.1.2　ビ ッ ト 数

A-D 変換器が変換可能なアナログ電圧の最大値をフルスケール（full scale, FS）と呼ぶ。$n/$bit の A-D 変換器の 1 bit 当りの最小電圧 V_b は

$$V_b = \frac{FS}{2^n} \tag{5.1}$$

となる。2^n に分割して離散値にすることを量子化という。量子化する際には $\pm V_b/2$ の量子化誤差が生じる。**表 5.2** に A-D 変換器のビット数と表示数の関係を示すが，20 bit で 6 桁（最大 999 999）の表示ができることがわかる。このため，テスタなどで 16 bit 程度，*LCR* 計器などで 20 bit 程度，オシロスコープなどで 12 bit 程度のビット数が必要となってくる。

表 5.2　ビット数と表示数

ビット数 n	表示数 2^n	分解精度 $10^6/2^n$
8	256	3 906
12	4 096	244
16	65 536	15
20	1 048 576	1

5.1.3　二重積分方式（低速用）

計測用として用いられる A-D 変換器として二重積分方式について説明する。積分方式は，演算増幅器を利用した積分回路において，出力電圧が入力電圧 V_I に比例することを利用した方式であるが，単純な積分回路では出力が抵抗 R やキャパシタ C に依存する。集積回路では R や C には製造ばらつきがあるためこのままでは利得誤差の原因になる。そこで，二重積分方式が開発され，低速の A-D 変換器では最もよく用いられている。ブロック図と動作波形は**図 5.3** のようになっている。動作としては

・最初に S_3 を閉じて積分回路の C を放電する。

・つぎに，S_3 を開き，S_1 につないで電圧 V_I で積分する。このとき，カウンタを動作させ，時間 NT になったら S_1 を開き，S_2 につなぐ。このときの

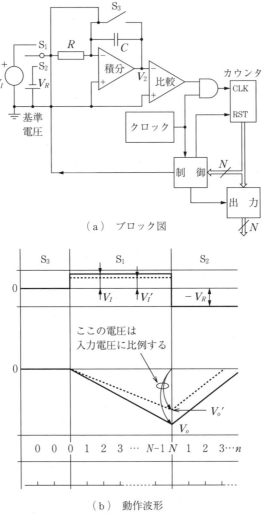

（a）　ブロック図

（b）　動作波形

図 5.3　二重積分方式のブロック図と動作波形

出力 V_o は次式となる。

$$V_o = -\frac{V_I}{CR}NT$$

・S_2 につなぐと，C は基準電圧 $-V_R$ で放電される。そして，カウンタで出力電圧がゼロになるまでカウントする。そのときの数 n は

$$V_o = -\frac{V_I}{CR}NT - \frac{1}{CR}\left(-V_R\right)nT = 0$$

より

$$n = \frac{V_I}{V_R}N$$

となる。ここで n は，C, R, T に依存しないため，これらのばらつきの影響なく n が計測できる。なお，基準電圧 V_R に関しては集積回路で高精度に製作できる。

5.1.4　逐次比較方式（中速用）

　逐次比較方式のブロック図と動作波形を**図 5.4** に示す。入力はサンプルホールド回路に入力されたあと，D-A 変換器と比較器によって比較される。制御部は最初はすべてのビットがゼロの信号を D-A 変換器に送るため V_D はゼロであり，$V_I > V_D$ の比較がされたことを受けて，続いてレジスタの最上位のビットを 1 にして D-A 変換器に送る。また，$V_I > V_D$ であればレジスタのつぎのビットを 1 にする。反対に，$V_I < V_D$ であれば，その前に 1 にしたビットをゼロにしてその下のビットを 1 にする。これを N 回繰り返して N/bit のディ

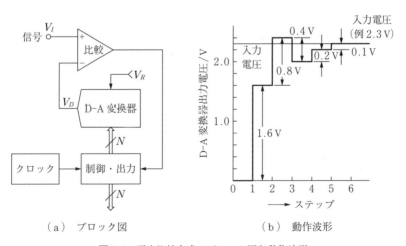

（a）ブロック図　　　　　　　　（b）動作波形

図 5.4　逐次比較方式のブロック図と動作波形

ジタル値を得る。この方式は，比較的速度が速く分解能も高いため多くの用途
に用いられている。欠点としては，D-A 変換器やレジスタの設計をうまくし
ないと，単調性やコード欠けと呼ばれる誤差を引き起こしやすいことである。

5.1.5 $\Delta\Sigma$（デルタシグマ）方式（中速用）

入力と最終ディジタル出力の比較を積分器を利用して時間領域で行う手法の
A-D 変換器が $\Delta\Sigma$（delta sigma）方式である。出力にディジタルパルス信号で
出てくる場合，それを積分すれば電圧になる。入力電圧も積分して両者を比較
する構成が**図 5.5**（a）であり，入力電圧と出力ディジタル値がそれぞれ積分
され，比較器で比較して両者が等しくなるようにフィードバックをかけてい
る。ここで，積分回路をループの中に入れて共通にしても回路としては同じ動
作をする。これが $\Delta\Sigma$ 方式の基本形になる。

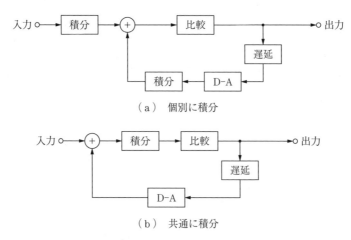

（a）　個別に積分

（b）　共通に積分

図 5.5 $\Delta\Sigma$ 方式の成り立ち

$\Delta\Sigma$ 方式の回路を**図 5.6** に示す。入力と出力の差分（Δ）が積分（Σ）され，
最終的に差分がゼロになるようにフィードバックされることからこの名前がつ
いている。この出力波形は，入力がプラスのときには 1 のパルス列が，入力が
マイナスのときにはゼロのパルス列が出る形になる（**図 5.7**）。

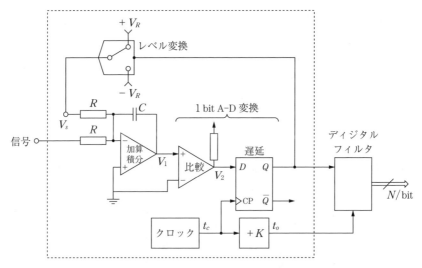

図 5.6 *ΔΣ* 方式のブロック図と動作波形

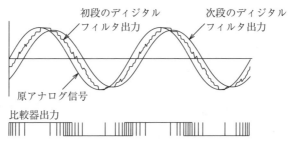

図 5.7 *ΔΣ* 方式の出力

このパルス列をディジタルフィルタに通すことで，入力信号に対応したディジタル値を得ることができる。*ΔΣ* 方式の回路を伝達関数で表すと**図 5.8** とな

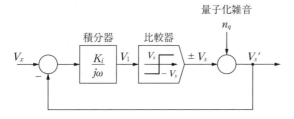

図 5.8 *ΔΣ* 方式の伝達関数

る。この回路の伝達関数を計算すると式 (5.2) が得られる。

$$V_s' = \frac{V_x K_i}{j\omega + K_i} + \frac{j\omega n_q}{j\omega + K_i} \tag{5.2}$$

ここで，K_i が十分に大きければ

$$V_s' = V_x + \frac{j\omega n_q}{K_i} \tag{5.3}$$

となる。

量子化雑音に注目してその周波数特性をプロットすると**図 5.9** が得られる。

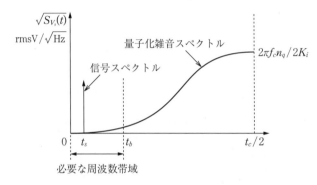

図 5.9 $\Delta\Sigma$ 方式の量子化雑音の周波数特性

　すなわち，量子化雑音が高周波成分に押しやられており，信号成分付近では SN 比が向上している。この効果はノイズシェーピングとも呼ばれ，この原理から $\Delta\Sigma$ 方式はほかの手法に比べて高分解能が得られる。$\Delta\Sigma$ 回路は二次，三次構成にすることができ，さらに分解能が向上し，マイコン内蔵用で 16 bit 程度，オーディオ・計測用では五次構成で 18 ～ 20 bit のものが市販されている。

　$\Delta\Sigma$ 方式は，抵抗ネットワークや高精度演算増幅器などの高精度のアナログ回路を必要とせずに，比較的単純な回路ブロックを組み合わせ，高周波で駆動することで高い分解能が得られる。このため，現在の集積回路の高集積，高クロックに適合した方法であるため，オーディオ用などに多用されるようになってきており，今後ますます用途が広がると考えられる。

5.1.6　内蔵用（中速用）

家電機器などに組み込まれている PIC，AVR マイコンなどには逐次比較型の 10 bit 程度の A-D 変換器が内蔵されている。ライブラリが利用できるマイコンモジュールを用いると 10 行程度のプログラムで数 ms 程度の変換速度で A-D 変換器による取り込みができる。また，近年の高性能マイコンには $\Delta\Sigma$ 方式の 16 bit A-D 変換器も内蔵されるようになっており，計測用途に十分適用できるようになってきている。A-D 変換器の入力電圧範囲は 0 V からマイコンの電源電圧の範囲であり，最小分解能は bit 数によって決まる。また，A-D 変換器の入力インピーダンスは，初段のサンプルホールド回路の入力容量とサンプリングクロックによって決まり，数 kΩ から数十 kΩ になるため，信号源の出力インピーダンスが大きく速度が速い場合は，必要に応じてバッファ回路を入れる必要がある。

5.2　交流電圧の測定

5.2.1　可動鉄片型交流計器による測定

配電盤などにある交流電圧の値を示す計器は**図 5.10** にように目盛が不均一である。

図 5.10　交流計器の目盛

これは，**図 5.11** の可動鉄片型という原理を用いているためである。この計器では測定電流は周囲のコイルに流れる。この電流により磁束が発生して内部の鉄片が磁化される。磁化した鉄片は図（a）の場合には反発し，図（b）の場合には吸引する。固定鉄片と可動鉄片間の距離を r とするとその関係は，式

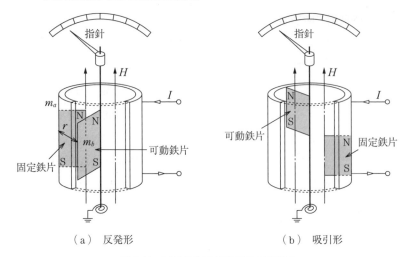

（a）反発形　　　　　　　　　　（b）吸引形

図 5.11　可動鉄片型交流計器の原理図

(5.4) で与えられる。

$$F = \frac{m_a m_b}{4\pi\mu_0 r^2} \tag{5.4}$$

ここで，m_a, m_b は鉄片の磁荷または磁極の強さであり，単位は Wb である。μ_0 は磁気定数である。ここで m_a, m_b はそれぞれ電流 I に比例するから指針の回転トルクは電流の 2 乗に比例する。ばねにより制動トルクが働き指針の振れが決まるが，結果的に指針の回転角は電流の 2 乗に比例するため図 5.10 のような目盛となる。

鉄片に発生する磁荷による反発と吸引の関係は交流であっても同方向であるため，この計器は交流電圧計，電流計としてよく用いられていた。

5.2.2　整流回路を用いた交流値

交流電圧 $v(t) = A \sin \omega t$ を測定する場合，知りたい値は交流電圧の実効値すなわち

$$V_{rms} = \sqrt{\frac{1}{T}\int_0^T A^2 \sin^2 \omega t \, dt} \tag{5.5}$$

である。この値を得るため半波整流回路や全波整流回路を用いて平均値を測定

して，それから実効値に換算する操作が用いられる。

　半波整流回路または全波整流回路としてはダイオードを用いた手法がある。半導体ダイオードでは順電圧分だけ電圧降下が起こるため，この分の誤差が発生したり，順電圧以下の電圧の測定ができなくなる。

　そこで，演算増幅器を用いた半波整流回路もしくは全波整流回路が用いられる。**図5.12**（a）の回路の入力に図（b）の＋電圧を入れると，仮想接地である演算増幅器の−端子に対して出力は負になるから，ダイオードD_2はオフになる。このため回路は非反転増幅器とみなすことができ

$$V_o = -\frac{R_f}{R_i} V_i$$

となる。$R_f / R_i = 1$であれば入力と出力は同じ振幅になる。反転増幅器として働くようにダイオードD_1がオンする電圧を演算増幅器は出力する。−電圧を入れると出力は＋になるからダイオードD_2がオンして電圧V_aは約0.7Vとなる。抵抗がR_fには電流が流れないから出力電圧はゼロとなり，ダイオードD_1

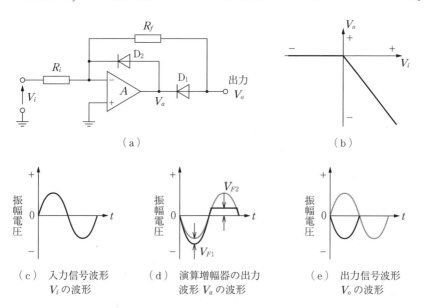

（a）

（b）

（c）　入力信号波形　　　（d）　演算増幅器の出力　　　（e）　出力信号波形
　　　V_iの波形　　　　　　　　　波形V_aの波形　　　　　　　　V_oの波形

図5.12　演算増幅器を用いた半波整流回路

はほぼオフとなる。この値を平均すると交流電圧の平均値

$$V_{av} = \frac{1}{T}\int_0^T |A\sin\omega t|\,dt \tag{5.6}$$

の半分の値となり

$$V_{av} = 2\frac{\sqrt{2}}{\pi}V_{rms} \tag{5.7}$$

の関係より実効値を計算できる。

5.3 リアルタイムアナログ演算ユニットによる実効値の算出

式 (5.5) の関係式を用いた手法は正弦波電圧には適用できるが，三角波や方形波，不規則雑音などには適用できない。そこで，リアルタイムアナログ演算ユニットを用いてアナログ演算で実効値を出す回路がある。リアルタイムアナログ演算ユニットは三つの入力 V_X, V_Y, V_Z を持ち，式 (5.8) の出力を得ることのできる IC である。

$$V_o = KV_Y\left(\frac{V_Z}{V_X}\right)^m \tag{5.8}$$

この回路を用いて図 5.13 の回路を構成する。出力 V_o は，直流電圧値であり，リアルタイムアナログ演算ユニットの出力を RC 回路で積分した値である。つまり

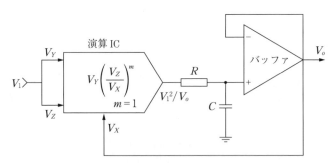

図 5.13 リアルタイムアナログ演算ユニットを用いた実効値出力回路

$$\int \frac{V_1(t)^2}{V_o} dt = \frac{1}{V_o} \int V_1(t)^2 dt = V_o \tag{5.9}$$

であり，これから

$$V_o = \sqrt{\int V_1(t)^2 dt} \tag{5.10}$$

が導かれ，実効値が得られる。

5.4 基準電圧発生回路

A-D 変換器においては，内部で発生する基準電圧を元に，ディジタル値に分割している。このために用いられる基準電圧発生回路として図 5.14 のツェナーダイオードがある。

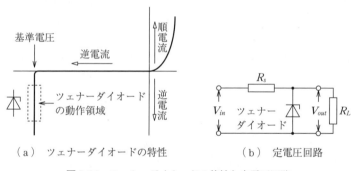

（a） ツェナーダイオードの特性　　　　（b） 定電圧回路

図 5.14 ツェナーダイオードの特性と定電圧回路

　図（a）のようにダイオードに逆電圧をかけていくと，ある電圧で降伏（breakdown）という現象を起こして逆電流が急激に増大する。この電圧は，電流が変わってもほとんど同じ電圧である。そのため，直列抵抗 R_s を接続して入力電圧 V_{in} をかけると，出力電圧 V_{out} はほぼ降伏電圧となり，例えば電源電圧の変化や雑音によって V_{in} が変化しても，安定した基準電圧が得られる。降伏は電子雪崩（avalanche）現象とトンネル（tunnel）現象によって引き起こされる。どちらが降伏を引き起こすかはダイオードの製法によって変わるが，両者によって引き起こされる降伏電圧の温度特性は逆であるため，電子雪

崩現象とトンネル現象がうまくつり合った電圧になるようにダイオードを設計すると，温度特性のない電圧源を作ることができる。ツェナーダイオードには専用の製造工程が必要になるため，集積回路ではバンドギャップ基準回路と呼ばれる温度特性のない電圧源を用いて基準電圧を発生している。

演 習 問 題

[**5.1**]　24 bit は 10 進数で何桁になるか計算せよ。

[**5.2**]　$(101110)_{2進}$ を 10 進数で表せ。

[**5.3**]　$(100)_{10進}$ を 2 進数で表せ。

[**5.4**]　A-D 変換器のフルスケールが 5 V とする。8 bit および 12 bit の A-D 変換器の量子化誤差を求めよ。

[**5.5**]　A-D 変換器のサンプル時間が 0.5 ms である。変換後，再生可能な周波数の上限はいくらか。

[**5.6**]　式 (5.7) の関係を導け。

[**5.7**]　図 5.15 の回路において演算増幅器は単電源動作とすると全波整流回路を実現できる。この回路の動作を説明せよ。

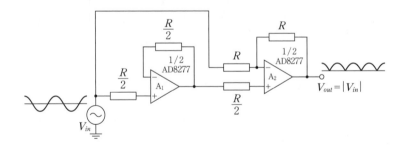

図 5.15

[**5.8**]　ラダー抵抗型 D-A 変換器の原理を調べ説明せよ。

6

◇◇◇◇◇◇◇◇◇◇◇◇◇◇◇◇◇◇◇◇◇◇◇◇◇◇◇◇◇◇◇◇◇

電圧型センサとマイコン計測

◇◇

　センサ（sensor）とは物理変化によって材料の電圧，電流，抵抗，インピーダンスなどの電気的特性が変化する素子である。本章では，温度で電圧が変化する熱電対と温度 IC ならびに磁界で電圧が変化するホール素子について原理とその信号処理回路に関して学ぶ。また，内部で A-D 変換を行ってディジタルデータを出力するディジタル出力型センサとマイコンとの接続法について学ぶ。

6.1　熱　電　対

　工業計測用温度センサとその測定法は JIS 規格により規定されており，代表的なセンサが熱電対である。金属や半導体に温度差を与えるとゼーベック効果（Seebeck effect）により，その温度差に比例した電位差（熱起電力）が発生する。熱電対は測定温度範囲が広く（−200 〜 1 700 ℃），JIS により規格化されているために信頼性が高く，工業用温度コントローラなどによく用いられる。

　図 6.1 のように A，B の 2 種類の異種金属を接合した先端部と開放された端子部に温度差を与えると，開放端に両金属のゼーベック効果の差に対応した熱起電力が現れる。

$$V_{AB} = (\alpha_A - \alpha_B)\Delta T \tag{6.1}$$

　ここで α_A，α_B は物質 A，B のゼーベック係数である。α_A を正，α_B を負となるように金属を選び，現在，7 種類の熱電対が JIS により規格化されている。

　クロメル線とアルメル線を組み合わせた K 型熱電対は，熱起電力の直線性

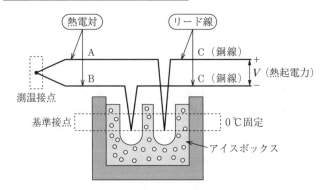

図 6.1 熱電対と計測原理

が良好で酸化しにくいためよく用いられている。K 型熱電対が使用できない
1 200 ℃以上で用いられるのが，白金と白金ロジウム合金を組み合わせた B 型，
R 型，S 型熱電対である。また，熱起電力の大きい E 型，還元性雰囲気に強い
J 型がある。

　熱電対では温度差に応じて熱起電力が発生するため，測定点の温度を知るた
めにはアイスボックスなどで基準接点温度を 0 ℃にする必要がある。それでは
測定器として不便なため，抵抗で温度が変化する抵抗を使ってホイートストン
ブリッジの原理で温度変化分の電圧を加算する**図 6.2** の回路や，室温変化を測
定する温度センサを内蔵している熱電対専用増幅器 IC や温度センサ内蔵の高
性能マイコンを用いて室温変化分を補償して表示している。

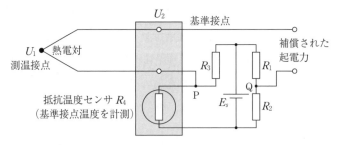

図 6.2 抵抗温度センサを用いた補償方法

　ゼーベック効果は複雑な物理現象が絡み合っているため，熱起電力は温度に
正比例する成分のほかに二次成分などの非直線性を持つ。このため，直線性補

正回路や熱起電力と温度を対応づける校正データを利用して温度表示をしているが，熱電対自体の精度，測定回路，A-D 変換誤差などの結果，測定範囲の 0.5 ％程度の不確かさを含むため，低温測定の際には注意が必要である。

6.2　ホ ー ル 素 子

ホール素子（Hall element）は，磁界に比例した電圧を出力する素子であり，その原理を**図 6.3** に示す。

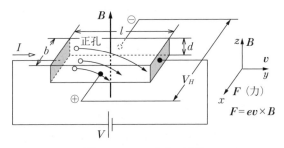

図 6.3　ホール素子の原理

ホール効果はセンサ以外にも半導体の型（n または p），キャリヤ濃度，移動度を知るうえで重要である。図 6.3 が p 型半導体として，y 方向に電流 I を流し，z 方向に磁束密度 B をかけたとする。正孔の速度を v とするとローレンツ力が $F = I \times B$ が働き，正孔は x 軸の ＋ 方向に曲げられる。すると，p 型半導体の手前側に正孔がたまりプラスに，向かい側は正孔が欠乏するためマイナスに帯電する。そして，半導体内部にはプラスからマイナスへ電界 E_x が発生して正孔を x 軸の負の方向へ押し戻そうとする。両者がつり合ったところ（正孔が y 軸に平行に流れるようになるところ）で平衡状態となり，x 軸には $V_H = -E_x b$ で与えられるホール電圧が発生する。E_x は次式の関係がある。

$$eE_x（電界により押し戻される力）= evB（ローレンツ力） \tag{6.2}$$

y 方向に流れる電流は $I = epvbd$ で与えられるため，結局ホール電圧 V_H は

$$V_H = R_H \frac{IB}{d} \tag{6.3}$$

となる。

ここで，R_H はホール定数で

$$R_H = \frac{1}{ep}$$

で与えられる。なお，n 型半導体ではホール定数は

$$R_H = -\frac{1}{en}$$

となる。式 (6.3) より，膜の厚さ d を薄くすれば感度が上がることになり，薄膜技術により d を 1 μm 以下にしたセンサが市販されている。**表 6.1** に半導体磁気センサの材料の特性を示す。ホール素子を定電圧 V で駆動した場合は移動度が大きいほうが感度は高くなるため，Si より移動度の大きい InSb，InAs の半導体を真空蒸着法や MBE 法で絶縁膜上に製膜して，写真技術を応用したフォトリソグラフィ技術により素子を形成する。

表 6.1　半導体磁気センサの材料の特性（$T = 300$ K）

性　　質	InSb	InAs	GaAs	Ge	Si
禁制体幅 /eV	0.17	0.36	1.43	0.66	1.12
電子移動度 /cm²/(V·s)	78 000	33 000	8 500	3 900	1 900
正孔移動度 /cm²/(V·s)	750	450	420	1 700	425

熱電対，およびホール素子は，差動信号が出力されその出力抵抗は低い。このため，信号処理回路は図 4.8 または図 4.11 の差動増幅回路が適している。

ホール素子では素子を定電圧または定電流駆動してその電圧を差動増幅する**図 6.4**（a），（b）の回路構成が用いられる。式 (4.7) および式 (4.10) よりそれぞれの増幅度は約 40 倍となる。図（b）で抵抗 R_1 が 5.1 kΩ という半端な数

コラム　**抵抗値の系列**

抵抗値ラインアップは E24 系列，E48 系列と呼ばれる数値列 R_1, R_2, $R_3 \cdots R_n$ $\cdots$ となっている。これは複数の抵抗を組み合わせて任意の抵抗値を実現しやすくするための工夫であり，およそ $R_{n+1} = aR_n$ のように表すことができる。ここで a は k 系列の場合，R_n から R_{n+k}（k 番目）で 10 倍になるので $a^k = 10$ となり，a は $a = 10^{1/k}$ で与えられる。

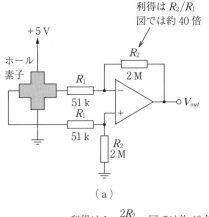

（a）

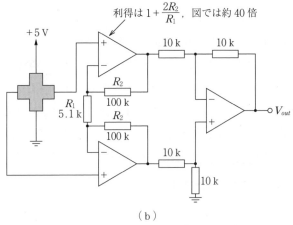

（b）

図6.4　ホール素子の増幅回路

になっているのはE24系列の抵抗を用いているからである（コラム参照）。抵抗のオーダは小さすぎると消費電流が大きくなるし，演算増幅器の駆動能力も足りなくなる。また，大きすぎると熱雑音や外来雑音が大きくなるので，$k\Omega$ 〜 $M\Omega$ がよく使われる。

6.3　温　　度　　IC

ダイオードの順電圧やトランジスタのベース-エミッタ間電圧は，**図6.5**（a）

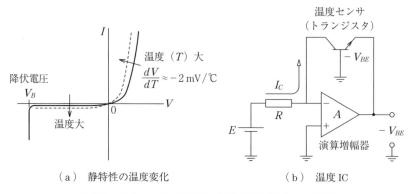

（a） 静特性の温度変化　　　（b） 温度 IC

図6.5 ダイオードの静特性の温度変化と温度 IC の原理

の−2 mV/℃程度の温度変化を持っている。これを一体化した集積回路で増幅などを行って出力するのが図（b）の温度 IC である。

　代表的な製品では 10 mV/℃の出力が得られるため，必要に応じて**図6.6**（a）の中央部の増幅回路で増幅してマイコンの A-D ポートに入力してディジタル値に変換を行う。近年は，内部で A-D 変換を行ってシリアルディジタルデータを出力する製品が市販されている。この場合は図（b）のように I^{2}C（inter-integrated circuit）などの通信規格でマイコンに送信を行うため，マイコン側で通信規格のライブラリを用いてディジタル値を得る。

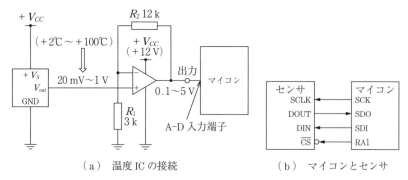

（a） 温度 IC の接続　　　　（b） マイコンとセンサ

図6.6 アナログ・ディジタル式の温度 IC の接続方法

演　習　問　題

[**6.1**]　0〜1 000 ℃の測定範囲を持つ K 型熱電対の精度が±1 ％ rdg＋0.1 ％出力レンジと表記されている。rdg とは reading の略で読み値を意味するとして，200 ℃を表示しているときの不確かさを求めよ。

[**6.2**]　0 ℃から室温付近における K 型熱電対の起電力が 40 μV／℃とする。図 13.2のホイートストンブリッジの抵抗 R_1 〜 R_3 の抵抗値が 1 kΩ として温度特性がゼロとする。また，電圧 $E＝1$ V のとき，式 (3.5) $R(T)＝R_0(1＋\alpha(T－T_o))$ を用いて抵抗温度センサ R_4 に必要な特性を示せ。

[**6.3**]　市販されている温度 IC を調べその出力式を調べよ。

7

電 流 測 定

7.1 直流電流測定

電流測定においては，**図7.1** のように電流計Ⓐを回路に直列に入れるか，電線周囲の磁界から電流を間接測定する方法が取られる。電流計の内部抵抗を R_A とすると，本来

$$I_0 = \frac{E}{R_0 + R_L} \tag{7.1}$$

が流れているものが

$$I = \frac{E}{R_0 + R_A + R_L} \tag{7.2}$$

となるから $R_A \ll R_0 + R_L$ を満たさないと誤差が大きくなる。

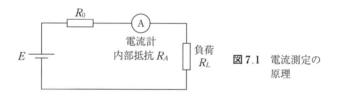

図7.1 電流測定の原理

A-D 変換器を用いて電流を検出するには，**図7.2** に示すように回路に 1Ω 程度の抵抗 R_s を入れて，両端の電圧を差動増幅器で増幅する方法が取られる。

また，電源の終端部分に**図7.3**の回路を入れると $V_{out} = -R_f I$ の電圧が出力され，電流を測定できる。この回路の入力抵抗は，演算増幅器の利得を A とすると，$R_{in} = R_f / A$ となり A が大きければ十分小さくなる。このため大きな

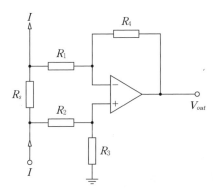

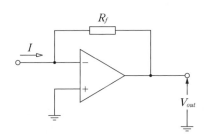

図 7.2 差動増幅器を用いた電流計測の原理　　　　**図 7.3** 電流電圧変換回路

抵抗を用いることが可能であり，微弱電流の検出に適している。

7.2　微小電流測定

　nA 以下の微小電流を測定する場合には，図 7.3 の回路の抵抗 R_f を 10 GΩ 程度まで大きくして，バイアス電流と零点ドリフトの小さい演算増幅器を用いたエレクトロメータと呼ばれる測定器が用いられる。GΩ 程度の抵抗であると，容量性結合による外来雑音，抵抗自体が発生する熱雑音などの影響を受けやすい。このため，抵抗 R_f に並列にキャパシタを入れ周波数帯域を狭くすることで雑音の低減を行う。この信号をさらに増幅してその電圧を低域フィルタで平均化したり，ディジタル機器で平滑化することで pA 程度まで測定を行うことができるが，キャパシタや平均化のために応答速度が遅くなるため高速信号の測定は困難である。

　このような微小電流測定では同軸ケーブルを用いて，測定対象の基板にもシールド（shielding）やガードリング（guard ring）を施すことが必要になる。ガードリングとは，**図 7.4** に示すように測定端子の周りをリング状に囲み，そのリングに測定端子と同じ電圧をかけておく手法である。このようにすればガードリングと測定端子の間では流れる電流はなくなり，ガードリングから流れる電流は電源から与えられるため電流測定には影響を与えない。

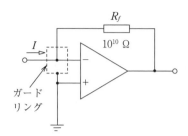

図7.4　微小電流測定における
　　　ガードリング

7.3　交　流　測　定

　図7.2や図7.3の回路に交流電流を流すと抵抗電圧は正負の交流となるから，図5.12の半波整流回路や図5.15の全波整流回路を用いて交流の電流値を得ることができる。なお，交流電流の場合はキャパシタを通すなどして信号と零点ドリフトなどの直流成分を容易に区別できるため，最初に交流増幅を行ってから整流を行うことで微小電流を容易に検出することができる。

　もう一つの測定方法として，電線が発生する磁界から流れる電流を測定する方法がある。交流電流の場合には，**図7.5**のような変圧器を用いることで微弱な電圧を昇圧して交流電圧を得ることができる。この場合，測定回路を切断はしていないが，R/n^2 の抵抗を測定回路に入れたことと同じになるため，R/n^2 が測定回路に与える影響を考慮する必要がある。

図7.5　変圧器を用いた交流電流検出の原理

　直流電流の場合には，ホール素子を用いれば線の周りの磁界に比例した直流電圧を得ることができる。ホール素子と変圧器を利用して直流と交流両方を測定できるようにしたのが**図7.6**のAC/DC電流プローブである。変圧器を用いたAC電流プローブに地磁気などのDC磁界が加わると変圧器の鉄心の磁束が

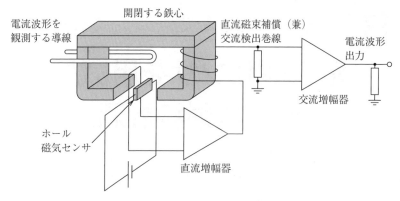

図 7.6　電流プローブの構造

飽和して，感度低下を起こすことがある。そこで，ホール素子で測った直流磁界を鉄心に流して DC 磁界を打ち消しつつ AC 電流を測ることで正確な測定が可能になる。DC 電流に関しては，鉄心の磁界を打ち消す電流から計算することができ，零位法による測定原理を用いている。

演 習 問 題

[**7.1**]　図 7.1 において電流を挿入したことによる誤差を 1 % 以内にしたい。$R_0 = 1$ kΩ，$R_L = 1$ kΩ のときに R_A はいくら以下とすればよいか求めよ。

[**7.2**]　図 7.2 において $R_s = 1$ Ω，$R_1 = R_2 = 1$ kΩ，$R_3 = R_4 = 100$ kΩ のときの測定電流と出力電圧の関係を示せ。

[**7.3**]　図 7.3 の回路で $R_f = 1$ kΩ のときの測定電流と出力電圧の関係を示せ。

[**7.4**]　図 7.5 の回路で測定回路に R/n^2 を入れたことと同じになることを説明せよ。

[**7.5**]　電流プローブにおいて DC 磁界により誤差が生じる理由を鉄心の BH 曲線を用いて説明せよ。

8

◇◇◇◇◇◇◇◇◇◇◇◇◇◇◇◇◇◇◇◇

電流型センサを用いた
光・放射線計測

◇◇◇◇◇◇◇◇◇◇◇◇◇◇◇◇◇◇◇◇◇◇◇◇◇◇◇◇◇◇

センサの中で電流を出力する代表的な素子として光センサがある。光電効果は代表的な電流または電荷発生現象であり，これを利用して微弱光や放射線を検出できる。

8.1　フォトダイオード

フォトダイオード（photodiode）と呼ばれる光センサは，照度測定のほか，光通信，物理・医療実験など多くの分野で用いられている。これは，光で電圧が発生する光起電力効果を利用するもので，おもに半導体の pn 接合が用いられる。波長 λ の光は次式のエネルギーを持っている。

$$E(\lambda) = n_p(\lambda)h\nu = n_p(\lambda)\frac{hc}{\lambda} \tag{8.1}$$

ここで，h はプランク定数 6.6256×10^{-34} J・s で，c は光速，ν は光の振動数，$n_p(\lambda)$ は波長 λ の光子数である。

図 8.1（a）のように pn 接合に表面から光を入射すると，このエネルギーが半導体のバンドギャップよりも大きければ，入射した光は価電子帯の電子を励起して自由電子と正孔との対を作り出す。pn 接合の空乏層内で電子・正孔対が発生すると，空乏層内の電界により電子は n 型領域へ，正孔は p 型領域へ移動する。空乏層以外に入射した光も図（b）のように電子・正孔対を作り，再結合しなければ半導体中の電界で移動する。

結果として，ダイオードの静特性は，**図 8.2** の破線のように励起電流分だ

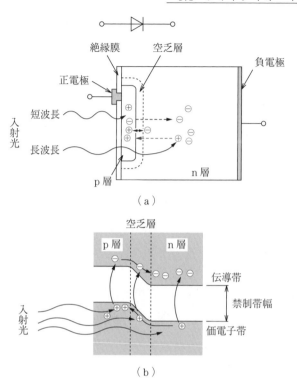

（a）

（b）

図8.1　フォトダイオードの構造と動作原理

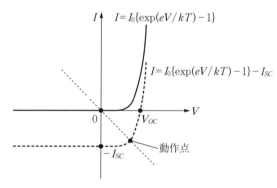

$$I = I_0\{\exp(eV/kT) - 1\}$$

$$I = I_0\{\exp(eV/kT) - 1\} - I_{SC}$$

図8.2　ダイオードの静特性と光照射による変化

け－方向にシフトする。pn 接合を短絡したとき（すなわち $V=0$ とする）に流れる電流は，図に示す短絡電流 I_{SC} になり，この値は光の 1 秒当りの入射エネル

ギー E に比例する（$I_{sc} = KE$）。$V = 0$ では発生する電力はゼロになるから実際にはフォトダイオードに適当な抵抗を接続すると破線の直線が負荷線になり，フォトダイオードの発生する電流と電圧は動作点の値となる。また，p と n を開放した場合には，n 型に電子がたまり p 型には正孔がたまるため，開放電圧として

$$V_{oc} = \frac{kT}{q} \ln \frac{KE}{I_0} \tag{8.2}$$

が得られる。ここで，k はボルツマン定数，T は絶対温度，q は電子の電荷，I_0 は逆電流飽和電流となる。

短絡電流と光エネルギーの比が光センサの感度になるが，波長 λ の光 1 W 当りの光電流を分光感度 $s(\lambda)$ と呼び次式で定義される。

$$s(\lambda) = \frac{I_p(\lambda)}{P(\lambda)} \tag{8.3}$$

ここで，$P(\lambda)$ は 1 秒当りの光エネルギーで単位は W である。すべての光子が光電流に寄与するとき $hc/q = 1.24 \times 10^{-6}$ W·m/A であるから

$$s_1(\lambda) = \frac{\lambda}{1.24 \times 10^{-6}} \tag{8.4}$$

となり，波長に比例することになる。単位は A/W である。

この式では，波長が長くなると感度が上がることになるが，これは入射した光子（photon）によって確実に一対の電子・正孔対ができることを想定しているからであり，実際には半導体材料の特性や素子の表面状態によりこれよりも小さな値となる。量子効率（quantum efficiency）とは光子一つが入射したときに，それによって生じる光電流に寄与する電子の数の比で定義される。光子の数を $n_p(\lambda)$，電子の数を $n_e(\lambda)$ とすると

$$\eta(\lambda) = \frac{n_e(\lambda)}{n_p(\lambda)} = \frac{I_p(\lambda)}{q} \frac{h\nu}{P(\lambda)} \tag{8.5}$$

が得られる。光センサの実際の分光感度は式 (8.4) に材料，センサ固有の量子効率 $\eta(\lambda)$ をかけた値となる（**図 8.3**）。

フォトダイオードの材料としては Si や GaAs がおもに用いられる。材料が受光できる波長はその材料の禁制帯幅で決まり，この禁制帯幅よりも光のエネ

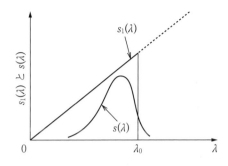

図8.3 光センサの理想分光感度
と実際の分光感度曲線

ルギーが小さければ，電子を励起できずに透過してしまう。そのため，$E_g <$ hc/λ の関係が成立し，Si では禁制帯幅エネルギーが $1.1\,\mathrm{eV}$ であるため $1\,100$ nm 以上の波長（長波長の赤外線）は透過してしまい受光できなくなり，これが上限波長 λ_0 になる。

フォトダイオードの pn 接合の種類としては，拡散型以外に，pn 接合の間に不純物濃度がきわめて薄い i 層を挟んだ pin 型がある。この pin 型は高感度でフォトダイオードの内部寄生容量が小さいために高速に応答する。また，空乏層に高電界をかけると，光で励起された電子が加速され，原子核にぶつかって電子をたたき出す。これらの電子がまた加速されて，雪崩的に電子数が増加する。このフォトダイオードはアバランシェ（avalanche）フォトダイオードと呼ばれ，高感度・高速であるが，雑音が大きいという欠点がある。

フォトダイオードの励起電流を電圧に変換する回路としては，**図8.4**のように抵抗と組み合わせて，抵抗の起電圧 $I_s R_L$ で電圧出力とする方法や，図7.3

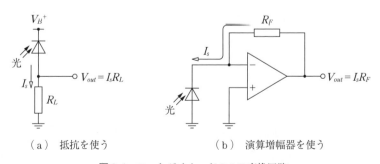

（a）　抵抗を使う　　　　　　（b）　演算増幅器を使う

図8.4 フォトダイオードの I–V 変換回路

で説明した演算増幅器による電流電圧変換回路がよく用いられる。また，同じ
シリコンチップ上にフォトダイオードと電流電圧変換回路や増幅回路を集積化
したフォトIC，あるいは三原色のカラーフィルタと一体化したカラーセンサ
なども市販されている。

8.2 光電子増倍管

　金属などに光が当たると電子（光電子）が放出される現象を光電効果
（photoelectric effect）と呼ぶ。この原理を用いた光検出用の光電管が微弱光の
検出などの特殊な用途に用いられている。光電管では，陽極と陰極をそれぞれ
正負にバイアスした際に，陰極に入射する光のエネルギー $h\nu$ が陰極材料の仕
事関数 ϕ よりも大きい場合，電子が真空中に放出されたあとに陽極に集めら
れて光電流となる。光電管に増倍機能を持たせたものが**図 8.5** に示す光電子増
倍管（photomultiplier tube）であり，光電面に光が入ると光電効果によって電
子が励起される。

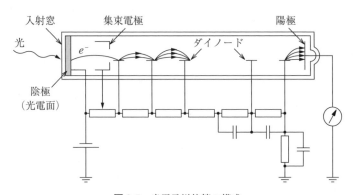

図 8.5 光電子増倍管の構成

　この電子は集束電極によってダイノード（dynode）と呼ばれる電極に衝突
させられ，二次電子を放出する。ダイノードは数個から 10 個設置されており，
このダイノードに順次電子衝突するたびに電子は増倍され，最終的には 10^6 倍

もの増幅利得の結果，光子一つごとに電流パルスが得られることになる。光電管は真空中を電子が移動するためにアバランシェダイオードなどに比べると雑音が小さく，微弱光の測定や撮像に不可欠なデバイスである。

8.3 放射線センサ

放射線は α 線，β 線，γ 線，X 線，中性子線に分けられる。α 線は He（ヘリウム）の原子核 2 個の陽子と 2 個の中性子，β 線は電子線，γ 線は波長 10 nm 程度の電磁波である。これらを放射するものを放射線源または線源と呼び，**表8.1** に代表的な放射線源とその半減期を示す。

表8.1　代表的な放射線源

放射線	同位元素	半減期	放射物質
α 線	Po^{210}（ポロニウム 210）	1 384 日	正電荷
β 線	Sr^{90}（ストロンチウム 90） Cr^{85}（クリプトン 85） C^{14}（炭素 14）	20 年 10.6 年 5 568 年	負電荷
γ 線	Co^{60}（コバルト 60） Cs^{137}（セシウム 137）	5.3 年 33 年	電磁波

α 線，β 線を測定する代表的な機器として電離箱，比例計数管，ガイガーミュラー計数管などがあり，いずれもガスの電離作用を利用している。放射線は，粒子や電磁波が高いエネルギーを持っているため，ガスに入射するとガス原子から電子をたたき出して，正イオンを作る。電極に電圧をかけると，電子の移動速度は電界に比例して大きくなる。正イオンは質量が大きいため速度は遅く，ガスの電離現象は電子によって引き起こされる。**図8.6**（a）に放射線検出の原理図と，図（b）にガスの電離によって陰極に集められたイオンの数と電極への印加電圧の関係を示す。

再結合領域 I では，電離した電子と正イオンは再結合するから電極間に電流は流れない。電離領域 II を用いるのが電離箱であり，放射線によって発生した電子と正イオンは再結合することなく電極に流れ込む。比例領域 III では，加速

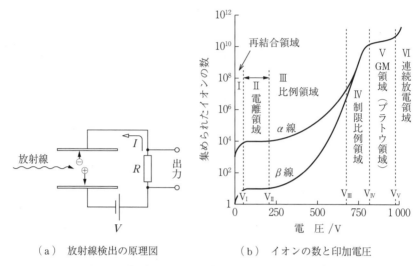

（a）　放射線検出の原理図　　　　　（b）　イオンの数と印加電圧

図8.6　放射線検出の原理図と，ガスの電離によって陰極に集められ
たイオンの数と印加電圧の関係

された電子がほかの中性原子に衝突して電子をたたき出し，ねずみ算的に増大するガス増幅という現象を起こす。電極に流れる電流が大きくかつ電流は最初の放射線によって生成した電子・正イオン対の量に比例するから，放射線のエネルギーによって電流値が変わるため α 線と β 線を区別することが可能である。領域Ⅴがガイガー・ミュラー（Geiger-Müller, GM）領域と呼ばれ，放射線が入射するごとにほぼ一定の多数の電子・正イオン対が作られる。これにより，短い時間に多数のパルス波がバースト状にひとかたまりとなった電流が得られる。電流の大きさには意味がなくなり，このバースト状の信号が一つの放射線に対応するため，このパルスをカウントすることで放射線量が検出できる。GM管は管の中にはエチルアルコールなどの有機多原子気体とアルゴンガスが約 1：10 の割合で 10 mmHg 程度の気圧に封入されている。筒に高電圧をかけ，筒中を放射線が通過すると生じた電子は陽極の近くの強い電界でより強く加速され，ほかの分子に衝突して多数の電子を作り電流となる。これを計数回路によって電圧パルスとして増幅し，放射線の検出を行う。

　γ 線を検出する代表的な機器として，シンチレーションカウンタ（scintillation

counter）とpinダイオード方式がある。シンチレーションカウンタは，**図8.7**のようにシンチレータ（scintillator）と呼ばれる，放射線よって蛍光を放つ物質を用いて，放射線による傾向を光電子増倍管で測定して放射線量を検出する放射線計測器である。シンチレータには無機結晶，有機物，液体があり，目的や用途によって使い分けられている。小型化・低電圧での使用が求められる場合や，高磁場で光電子増倍管の使用が適さない状況で使用する場合などでは，光電子増倍管の代わりにフォトダイオードが蛍光検出に使用されている。

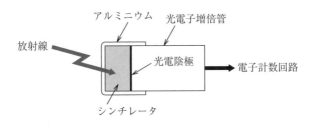

図8.7 シンチレータ式検出器の構造

pinダイオード方式は半導体を用いた検出器である。**図8.8**のようにpnダイオードに逆バイアス電圧をかけておき，そこに放射線が照射されると，空乏層で電離が生じて正孔と電子が生成され，電子はn層へ陽子はp層へと流れる電流が発生する。pinダイオードはpnダイオードに比べるとi型半導体の働きにより空乏層が広がりより感度が高くなる。この電流を抵抗やチャージアンプと呼ばれる回路で電圧に変換して，このパルス状電圧の数を数えることで放射線量を測ることができる。

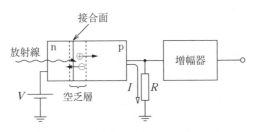

図8.8 pnダイオード方式検出器の構成

ダイオードにかける逆バイアスを大きくするとアバランシェダイオードとなる。小面積のアバランシェダイオードに抵抗を接続して，これを複数アレー状に接続したものがMPPC（multi-pixel photon counter）と呼ばれる素子である。シンチレータをMPPC上に置き，放射線によって発生した光子がアレーに入射するとそのアレーのアバランシェダイオードがオンして電流を発生する。オンしたアバランシェダイオードは抵抗による電圧降下により適当な時間でオフする。したがって，発生するパルス電流の大きさと数を数えることで放射線のエネルギーと放射線量を検出する放射線検出器が製作できる。

8.4 撮 像 素 子

画像センサとして用いられる電荷結合デバイス（charge coupled device，CCD）や相補形MOS（complementary metal-oxide，CMOS）撮像素子は，カメラや携帯電話などに搭載されて幅広く応用されている。CCDは電荷転送素子を意味しており，フォトダイオードのアレーにスイッチとCCDを組み合わせて作られ，画像情報の読取りに用いられるのが撮像素子である。代表的なものとして，**図 8.9** のCCD方式と，**図 8.10** のMOSトランジスタのスイッチでX，Y方向を操作するMOS方式がある。撮像素子の上にはレンズがあり，対

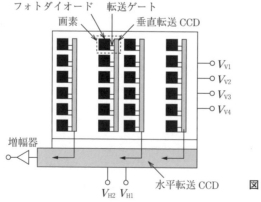

図 8.9 CCD方式

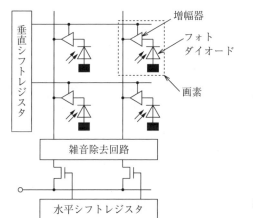

図 8.10 MOS 方式

象の画像を撮像素子上に結像する。すると，フォトダイオードアレーに光励起電流の大小が発生する。この大小を走査という手法によってシリアルデータに変換する際に必要になるのが転送操作である。CCD撮像素子の場合は，垂直転送CCDと水平転送CCDを連携させて画像をシリアルデータに変換する。MOS型撮像素子の場合では，スイッチを順次オンオフしていくことで同様な変換を行う。なお，フォトダイオード自体は可視光をすべて受光してしまうため，カラーフィルタと組み合わせることでカラー化が可能となる。

演 習 問 題

[8.1]　石英ガラスの禁制帯幅エネルギーが 11 eV である。上限波長 λ_0 を求めよ。

[8.2]　pin フォトダイオードの特徴と応用範囲を説明せよ。

[8.3]　半導体センサに対する光電子増倍管の優位性を述べよ。

[8.4]　γ 線測定において GM 管を用いた場合の注意点について述べよ。

[8.5]　フォトダイオードを電流源，抵抗，キャパシタで等価回路として表せ。

9

抵抗，インピーダンス測定

9.1 間接測定と四端子法

9.1.1 抵抗の間接測定

抵抗を測定するのに，**図 9.1** のように電源と電流計Ⓐ，電圧計Ⓥを組み合わせて間接測定により計算する手法がある。

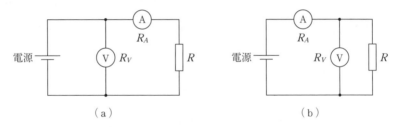

図 9.1 間接測定による抵抗測定の回路

ここで，電圧計と電流計の内部抵抗 R_V と R_A を考えて，測定する抵抗の値に応じて図（a）と図（b）のどちらの接続をするか説明する。

図（a）のように電流計を負荷側に入れた場合，電圧計で測定した電圧は $V = V_A + V_R$ となり，間接測定で計算される抵抗は

$$R_m = R_A + \frac{V_R}{I} \tag{9.1}$$

となる。

正しい抵抗 R を用いて規格化すると

$$R_m = R\left(1 + \frac{R_A}{R}\right) \tag{9.2}$$

であるから R_A が小さければ誤差は少なくなる。R_A による測定抵抗の誤差率は R_A/R となる。

一方，図（b）のように電圧計を負荷側に入れた場合，電流計で測定した電流は $I = I_V + I_R$ であるから間接測定で計算される抵抗は

$$R_m = \frac{V}{I_R + \dfrac{V}{R_V}} \fallingdotseq R\left(1 - \frac{R}{R_V}\right) \tag{9.3}$$

となるから R_V が大きければ誤差は少なくなる。R_V による誤差率は R/R_V となる。

ここで，図（a）と図（b）の使い分けは負荷 R の値に応じて $R_A/R < R/R_V$ の場合すなわち $R_A R_V < R^2$ の場合は図（a）を選び，$R_A/R > R/R_V$ の場合すなわち $R_A R_V > R^2$ の場合は図（b）を選ぶ。典型値として $R_A = 1\,\Omega$，$R_V = 1\,\mathrm{M\Omega}$ のとき $R = 1\,\mathrm{k\Omega}$ 以上であれば図（a），以下であれば図（b）のほうが誤差が少ない。

直感的ないい方をすれば，測定抵抗が大きい場合は，電流計の内部抵抗が無視できる図（a）を，測定抵抗が小さい場合は電圧計に流れる電流または電圧計の内部抵抗が無視できる図（b）を選べばよいことになる。

9.1.2 ディジタルマルチメータによる抵抗測定

ディジタルマルチメータやテスタの構成は**図9.2**のようになり，抵抗測定の場合には抵抗測定端子と接地端子の間に被測定抵抗を入れることにより，簡単に抵抗測定ができる。

マルチメータ内部からは定電流回路によって一定の電流 I が流れるから抵抗測定端子には電圧 $V_x = R_x I$ が現れる。この電圧を A–D 変換器で測定してあらかじめわかっている定電流 I で割れば，抵抗値が得られる。

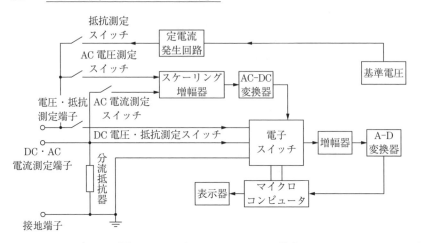

図9.2 ディジタルマルチメータの構成

9.1.3 定 電 流 回 路

　定電流回路としては，**図9.3**（a）において演算増幅器の両入力が1.5Vになるようにフィードバックがかかるから，抵抗 R_R の上部が1.5Vになる1.5mAの電流が流れる。定電流の大きさが電源電圧で変動しないようにするには図（b）のようなツェナーダイオードを用いた回路を用いる。

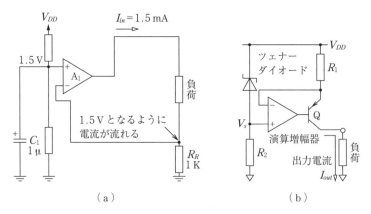

図9.3 定電流回路

9.1.4 四 端 子 法

定電流源を用いて抵抗を測定するときに，**図9.4**のように単純に被測定物に接続すると，等価回路で示すように配線の抵抗と接触抵抗が誤差の原因となる。ここで，**図9.5**のように，定電流と供給する端子とは別に電圧測定用の端子を設ける方法を四端子法と呼ぶ。図9.5の等価回路において電圧計の入力抵抗が R_3 や R_4 に比べて十分大きければ R_1 と R_2 の影響なしに抵抗の起電力を測定できるから，精度を向上させることができる。この手法は低抵抗の試料を測る際や高精度測定器でよく用いられる。

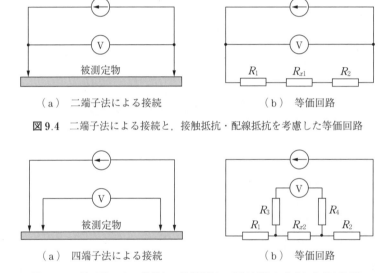

（a）　二端子法による接続　　　　　　　（b）　等価回路

図9.4　二端子法による接続と，接触抵抗・配線抵抗を考慮した等価回路

（a）　四端子法による接続　　　　　　　（b）　等価回路

図9.5　四端子法による接続と，接触抵抗・配線抵抗を考慮した等価回路

9.2　高 抵 抗 測 定

$10^6 \sim 10^9\,\Omega$ の高抵抗を測定する場合は，電圧をかけて流れる電流を nA オーダの電流が測定できるエレクトロメータで測定を行う。この際に，抵抗の側面をリークする電流が問題となってくる。このため，**図9.6**のように抵抗側面を囲むガードリングを設けて，その中に測定端子を設ける。側面を流れる電流は

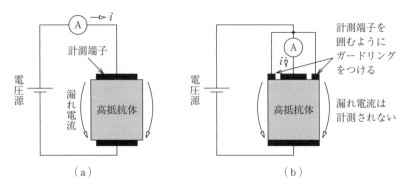

図9.6　高抵抗測定におけるガードリング

ガードリングにつながった電源から供給され, ガードリングと測定端子はほぼ同じ電圧のためリーク電流は生じない。このようにして, 抵抗そのものに流れる電流を正確に測り, 高抵抗値を測定することができる。

9.3　ブリッジ回路と*LCR*メータ

抵抗測定のもう一つの手法としてブリッジ回路がある。**図9.7**において PQ 間の電圧を演算増幅器で検出する。PQ 間がゼロとなる条件は

$$\frac{R_r}{R_r + R_x} = \frac{R_2}{R_1 + R_2} \tag{9.4}$$

であり, これから $R_r R_1 = R_2 R_x$ が導かれる。

ブリッジ回路において抵抗の代わりにインピーダンスを接続した場合には

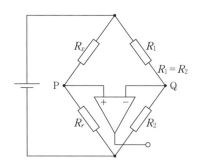

図9.7　ブリッジ回路による
抵抗測定の原理

$$Z_rZ_1 = Z_2Z_x \tag{9.5}$$

が平衡条件となる。インピーダンスを**図 9.8**（a）のように抵抗成分とリアクタンス成分に分けると，図（b）のように抵抗成分による位相 0 度成分 $1/R_p$ とリアクタンス成分による位相 90 度成分 $1/X_p$ の合成となる。式 (9.5) を満たすにはインピーダンスの絶対値と位相が等しいという条件が必要になる。この条件を利用してブリッジ回路を抵抗およびキャパシタとインダクタを用いて構成して，交流電圧で駆動することでインピーダンスの絶対値と位相が等しくなる条件から，未知素子のキャパシタンスやインダクタンスを計算するインピーダンスブリッジと呼ばれる測定器がある。

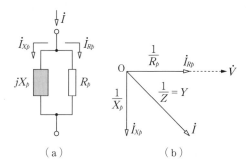

（a）　　　　　　　　　（b）

図 9.8　インピーダンスの抵抗成分とリアクタンス成分のベクトル表示

　ブリッジ回路をさらに進めて，測定インピーダンスと基準インピーダンスを正負で駆動する。インピーダンスに電圧がかかったとき，流れる電流は位相 0 度成分と位相 90 度成分の合成となるから，**図 9.9** の回路で演算増幅器の指示

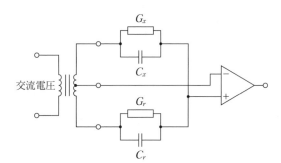

図 9.9　インピーダンスブリッジ

がゼロになる条件は, G_x と C_x から流れ込む電流と G_r と C_r が吸い込む電流が等しくなったときで, 流れる電流の位相が 90 度異なるため $G_x = G_r$, $C_x = C_r$ である。このため, 可変の G_r と C_r の設定値から未知の G_x と C_x の値を知ることができる。

　さらに, 上下の増幅器で逆相の可変電圧を発生させ, 位相 0 度成分と位相 90 度成分が生じれば, それぞれの値を直流電圧に変換して, その電圧で G_r と C_r を駆動する増幅器の電圧を増やすというフィードバックをかける装置が**図 9.10** の *LCR* メータである。増幅器の電圧を変えることで図 9.9 の G_r と C_r を可変させたことと同じになり, 増幅器からの信号がゼロになったとき式 (9.5) のインピーダンスの平衡条件を満たしたことになる。G_r と C_r にかかる利得 A_g と A_c の値は G_x と C_x に比例するから, これから G_x と C_x を計算する。インダクタンスに関してはキャパシタンスと位相が 180 度違うから－信号になり, これをインダクタンス成分として計算できる。

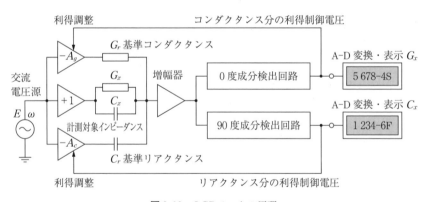

図 9.10　*LCR* メータの原理

　インピーダンスには, 抵抗, キャパシタンスとインダクタンス成分を含んでいるが, この特性はインピーダンス絶対値と位相の特性(ボード線図)として表現できる。周波数を変化させながらインピーダンスの利得と位相を測定してボード線図として表示できるインピーダンスアナライザと呼ばれる装置が市販されている。

演　習　問　題

[**9.1**]　図 9.2 のディジタルメータで電流が測定できる原理を説明せよ。

[**9.2**]　図 9.3（b）が定電流回路になることを説明せよ。

[**9.3**]　図 9.8 のベクトル表示は抵抗とキャパシタンスか，抵抗とインダクタンスのどちらか答えよ。

[**9.4**]　図 9.10 の *LCR* メータにおいて，抵抗とキャパシタンスの値が出る設定とする。このときに抵抗とインダクタンスからなる素子を入れると，キャパシタンス表示にはどのような値が出るかベクトル図から説明せよ。

10 ◇◇◇◇◇◇◇◇◇◇◇◇◇◇◇◇◇◇◇◇◇◇◇◇◇
抵抗・キャパシタンス型センサ

◇◇◇◇◇◇◇◇◇◇◇◇◇◇◇◇◇◇◇◇◇◇◇◇◇◇◇◇◇◇◇◇◇◇◇◇◇◇◇

　温度，力，光などで抵抗・キャパシタンスが変化する現象を利用したものが抵抗・キャパシタンスセンサであり，代表的な力センサ，温度センサ，加速度センサを説明する。

10.1　ひずみゲージを用いた力センサ

　力学量センサ（圧力，加速度，角加速度，力，触覚センサ）は，金属や半導体などで薄い板（ダイヤフラム）や梁（ビーム）を製作して，圧力や慣性力などの力がかかった際の応力変化や変位などから機械量を検出するセンサである。その代表的な検出原理としては，ひずみゲージ，ピエゾ抵抗効果，キャパシタンス変化，圧電効果などがある。本章では，ひずみゲージを用いた力センサとキャパシタンス変化を利用した加速度センサについて述べる。

　ひずみゲージ（strain gauge）は，金属などの抵抗体の抵抗変化を利用したものである。いま，**図 10.1** のような直線の抵抗体に応力 T をかけると，長さは Δl だけ短くなり，逆に半径は Δr だけ長くなる。このとき発生するひずみは長さの変化率 $S = \Delta l / l$ として定義される。

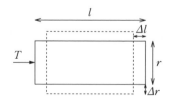

図 10.1　ひずみゲージの原理

金属線の抵抗 R は，抵抗率を ρ，断面積を A とすると

$$R = \frac{\rho l}{A} \tag{10.1}$$

となる。抵抗の変化率は，上式を全微分して

$$\frac{dR}{R} = \frac{d\rho}{\rho} + \frac{dl}{l} - \frac{dA}{A} \tag{10.2}$$

で与えられる。抵抗率 $1/\rho = nq\mu$（n：電子濃度，q：電子の電荷，μ：電子移動度）で金属の場合，応力で濃度や移動度はほとんど変化しないから，右辺第1項はほとんど変化しない。金属は第2項と第3項の形状変化の影響で抵抗が変化する。材料としては銅・ニッケル合金が用いられ，**図10.2** に示すひずみゲージとして市販されている。感度は低いが，温度特性が良いため重量計，トルクセンサ，ロードセルに用いられる。

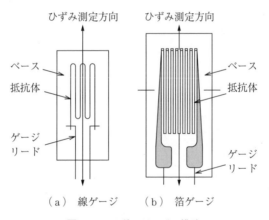

（a）線ゲージ　（b）箔ゲージ

図10.2 ひずみゲージの構造

ひずみゲージには，線ゲージ（ワイヤゲージ）と箔ゲージ（フォイルゲージ）の2種類がある。線ゲージの場合には，ベースと呼ぶ電気絶縁物の薄板の上に適当な接着剤で直径数 $10\,\mu\mathrm{m}$ の抵抗体を固定する。箔ゲージの場合には，厚さ $3 \sim 10\,\mu\mathrm{m}$ 程度の金属抵抗箔を接着してフォトエッチングによりパターンを形成する。

その後，棒（ロッド）や梁（ビーム）にひずみゲージを接着剤で貼り付けるが，貼り付け方と結線法として**表10.1**の4種類がある。このなかで，4アク

表10.1 ひずみゲージの貼り付け方と結線法

ゲージ法	結 線 法
1アクティブ ゲージ法	
2アクティブ ゲージ法	
対辺2アクティブ ゲージ法	
4アクティブ ゲージ法	

ティブゲージ法は最も感度がよく，温度特性もよい（温度で金属抵抗体の抵抗値が変わっても差動出力には出てこない）ためロードセルなどに多く用いられる。

　ゲージの抵抗値が小さいために出力抵抗は小さく，ゲージの抵抗値の温度変化による零点変化はブリッジ構成にすることで打ち消される。また，ゲージ抵抗値の感度も温度であまり変化しないため，検出回路としては図4.8の1個の演算増幅器で作る差動増幅器を用いることができる。

10.2　白金測温抵抗体

　白金測温抵抗体は，金属の抵抗率が温度により変化する現象を利用したものである。化学的にも熱的にも安定であり，抵抗温度特性のばらつきが少ないことから白金が利用される。JIS により規格化された白金測温抵抗体の温度特性は 3 850 ppm/℃（抵抗値 100 Ω で 0 ℃のとき）である。ここで，ppm は parts per million であり百万分率を表す割合の単位である。使用温度範囲は − 250 ℃ 〜 640 ℃であり，形状としては細い白金線を巻いて作るマイカ型，ガラス封入型およびセラミック型のほかに，セラミック基板に形成された白金薄膜を感温抵抗として用いる薄膜型がある。白金の抵抗変化を電圧にするのが**図 10.3** の回路であり，可変抵抗 VR_1 を変えて電圧 e_2 を 1 V に調整すると，抵抗 R_1 には仮想接地の原理から 1 V の電位差ががかかるから 1 mA の定電流が測温抵抗体 R_T に流れる。R_T が温度で変化すれば電圧が変化するので，それを後段の反転増幅器で適切な値に変換する。

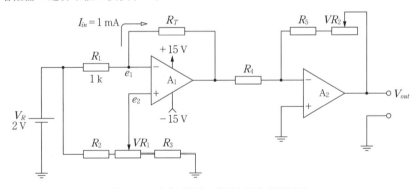

図 10.3　白金測温体の駆動回路と増幅回路

10.3　サーミスタと光導電セル

　サーミスタは thermally sensitive resistor を短縮した名称であり，半導体の

抵抗変化特性を利用している。金属酸化物を高温で熱処理して焼結したセラミックスが，温度に敏感に応答する測温抵抗体として用いられる。また，抵抗の温度係数の違いによって NTC（negative temperature coefficient thermistor），PTC（positive temperature coefficient thermistor），CTR（critical temperature thermistor）に分類される。形状としては，ガラス管に封入されたもののほかにディスク型と薄膜型が開発されている。

NTC は，温度の上昇に伴って抵抗が減少するもので，抵抗値としては 10 Ω ～ 10 MΩ の範囲にある複数の種類が市販されている。抵抗の減少率は温度に反比例的な変化をするが，**図** 10.4（a）の回路の出力電圧は

$$\frac{R_{th}}{R_1 + R_{th}} V_{CC}$$

となる。いま

$$R_{th} = \frac{R_{th0}}{T}$$

と仮定すると，図（b）のように温度にほぼ比例して減少する出力が得られる。抵抗を入れ替えると，温度にほぼ比例する出力が得られるため，測定範囲が狭い電子体温計などに応用されている。

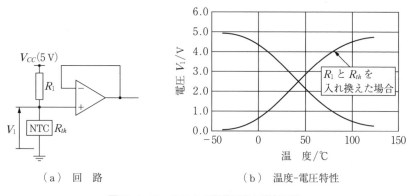

（a）回 路　　　　　　（b）温度-電圧特性

図 10.4　サーミスタの駆動回路と増幅回路

PTC は，NTC サーミスタとは逆に温度に対して抵抗が増大するサーミスタであり，この中である温度を境にして数℃で桁違いに抵抗が増大する特性のものは，ON，OFF タイプの温度スイッチとして用いられる。

一方，CTR は，ある温度で急激に抵抗が減少する特性を示すもので，発光ランプやブザーなどと組み合わせて温度警報用などに使われる。

光導電セルは光導電効果による導電率（抵抗）の変化を利用したデバイスであり，カメラの露光計などに用いられる CdS セルが代表的である。入射する光のエネルギー $h\nu$ が，半導体のバンドギャップ E_g よりも大きい場合，電子が伝導帯に励起されて価電子帯には正孔が発生する。この半導体に電界 E をかけると，電子と正孔はたがいに逆向きに移動する。このときの電子濃度を n，移動度を μ_e，また正孔濃度を p，移動度を μ_p とすると，$I = e(n\mu_e + p\mu_p)E$ の電流が流れる。光の強度が強ければ n と p が増加するため導電率は上昇して抵抗が低下する。図 10.4（a）の回路を用いて光によって変化する電圧を簡単に得ることができる。

10.4　キャパシタンス変化を利用した加速度センサ

加速度センサの原理を説明する。いま，**図10.5** のようなおもりと梁があり，その質量を m，ばね係数を k とする。

h　b　　　　　ギャップ d

質量 m　　　　　b　　ばね定数 k

図 10.5　加速度センサ
の原理

おもりの運動方程式は

$$ma = m\frac{\partial^2 x}{\partial t^2} + r_f\frac{\partial x}{\partial t} + kx \tag{10.3}$$

で与えられる。ここで r_f は，電極間の空気などにより発生する粘性減衰定数である。この運動方程式は二次方程式であり

共振周波数 $f_{reso} = \dfrac{1}{2\pi}\sqrt{\dfrac{k}{m}}$,   減衰率 $\zeta = \dfrac{r_f}{2\sqrt{km}}$

を持つ共振系を構成する。減衰率 ζ の値によっては共振を起こすため，$\zeta = 1$（critical damping）になるようにおもりと電極の空気の粘性を利用して設計される。

定常状態では，慣性力 ma と梁の復元力 kx がつり合う点

$$x_o = \frac{m}{k}a \tag{10.4}$$

でおもりは静止する。このときの，図の上部のキャパシタンス C_x は

$$C_x = \frac{\varepsilon_0 b^2}{d - x_o} = \frac{\varepsilon_0 b^2}{d - \dfrac{m}{k}a} \tag{10.5}$$

で与えられる。この C_x の変化を検出回路で電圧などに変換するのがキャパシタンス型加速度センサである。

おもりと電極を半導体微細加工技術を用いて多結晶シリコンなどでシリコン基板上に製作するのが，MEMS（micro electro mechanical systems）センサと呼ばれるセンサである。一例として，アナログデバイス社の加速度センサを例に**図 10.6** に挙げると，中央のくしの歯状のおもりは両辺の梁で支えられている。その周囲に A 電極と B 電極があり，それぞれの間でキャパシタを構成している。加速度がかかるとおもりが変位して，A 電極と B 電極のキャパシタンス変化を引き起こす。**図 10.7** の回路を用いて微細な加速度による容量変化を電圧に変換する。電極には抵抗を介して異なる直流電圧がかかっており，ここにキャパシタを介して交流電圧をかけると，異なる直流電圧の上に振幅が逆位相の交流電圧が重畳した状態になる。上下のセンサのキャパシタンスが同じであればバッファにかかる電圧は中間電圧の 1.8 V であるが，センサのおもりが移動してセンサのキャパシタンスが変化すると正負の交流電圧が現れる。この電圧を同期検波回路で直流電圧にすることで加速度の値を知ることができ，ゲーム機器やスマートフォンに内蔵されているのがこの MEMS センサである。MEMS センサのほかの例としては角加速度センサ，傾斜センサなどがある。

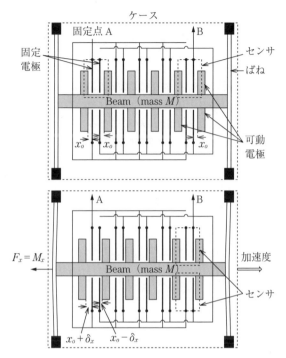

図 10.6 MEMS 加速度センサ（アナログデバイス社）の構造と動作原理

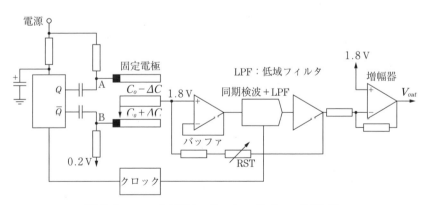

図 10.7 MEMS 加速度センサのキャパシタンス検出回路

演 習 問 題

[**10.1**]　ひずみゲージを用いたセンサの検出回路を述べよ。

[**10.2**]　市販されている MEMS 加速度センサを調べその特性をまとめよ。

[**10.3**]　図 10.3 の測定回路の出力が 10 mV/℃ になることを検算せよ。

[**10.4**]　自宅にあるサーミスタを用いた温度制御機器を挙げよ。

11

電 力 測 定

11.1 直 流 電 力

直流電力を測定するには，電圧計で電圧 V を，電流計で電流 I を測定して $P = VI$ で求める間接測定方法と，電流力計型計器などで直接電力を測定する直接測定方法がある。電圧計と電流計を用いる場合には，接続方法として**図 11.1** がある。

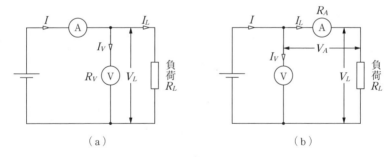

図 11.1 電圧計Ⓥと電流計Ⓐを用いた電力測定

電圧計Ⓥと電流計Ⓐにはそれぞれ内部抵抗 R_V と R_A があるから，この誤差を考えて図（a）と図（b）のどちらの接続をするか選択する。

図（a）のように電圧計を負荷側に入れた場合，負荷の電力は $V_L I_L$ であり，電圧 V_L は正しく，電流計で測定した電流 $I = I_V + I_L$ である。$I_V = V_L / R_V$ であるから $R_V = \infty$ であれば誤差はなくなる。R_V による電力誤差は

$$\frac{V_L^2}{R_V} = V_L I_L \frac{R_L}{R_V}$$

となる。

図 (b) のように電流計を負荷側に入れた場合, 負荷の電力は $V_L I_L$ であり, 電流 I_L は正しく, 電圧計で測定した電圧 $V = V_A + V_L$ である。$V_A = R_A I_L$ であるから $R_A = 0$ であれば誤差はなくなる。R_A による電力誤差は

$$R_A I_L^2 = V_L I_L \frac{R_A}{R_L}$$

となる。

ここで, 図 (a) と図 (b) の使い分けは, 負荷 R_L の値に応じて $R_L/R_V > R_A/R_L$ の場合すなわち $R_L^2 > R_A R_V$ では図 (b) となり, $R_L/R_V < R_A/R_L$ の場合すなわち $R_L^2 < R_A R_V$ では図 (a) となる。典型値として $R_A = 1\,\Omega$, $R_V = 1\,M\Omega$ のとき $R_L = 1\,k\Omega$ 以上であれば図 (b), 以下であれば図 (a) の誤差が少ない。

11.2 電流力計型計器

電力を測定するアナログ計器として, **図 11.2** の電流力計型計器がある。図

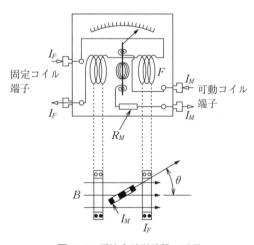

図 11.2 電流力計型計器の原理

2.2の可動コイル型計器の永久磁石を固定コイルに置き換えた形になっている。固定コイルと可動コイルの端子を図11.1のどちらかの端子に接続する。

例えば，**図11.3**のように固定コイル I_F 端子に負荷電流 I_L を流すと，I_L に比例した磁束が固定コイルに発生する。また，可動コイル I_M 端子に電圧に相当する電流 I_M を流すとローレンツ力が発生して，指針の振れ θ は比例して I_L と I_M すなわち電流 I_L と電圧 V_L の積に比例するから電力を測定することができる。この計器では交流を流しても，指針は正に振れるから，指針の部分の応答速度が商用周波数よりも十分遅ければ，指針は静止して力率を含めた電力を測定することができる。

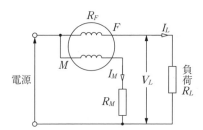

図11.3 電流力計型計器の接続例

11.3 交 流 電 力

11.3.1 交流電力の間接測定

交流信号に対する電力計測について説明する。角周波数を ω として電圧

$$v(t) = V_p \sin\omega t$$

を印加したとき，電流

$$i(t) = I_p \sin(\omega t - \varphi)$$

であったとする。電力は

$$p(t) = v(t)\,i(t) = \frac{V_p I_p}{2}\left\{\cos\varphi - \cos(2\omega t - \varphi)\right\} \tag{11.1}$$

であり，交流電力は1周期の平均値として定義されるから

$$P(t) = \frac{1}{T}\int_0^T v(t)\,i(t)\,dt = \frac{1}{2}\,V_p I_p \cos\varphi \tag{11.2}$$

で定義される。$v(t)$ と $i(t)$ の実効値を V と I とすると

$$P(t) = VI\cos\varphi \qquad (11.3)$$

となる。ここで $\cos\varphi$ は力率であり，負荷の抵抗成分とリアクタンス成分の比率で決まってくる。

　5章と6章で交流の電圧と電流の測定について述べたが，テスタなどで表示される交流電圧，電流は整流され実効値となった値である。交流電力はこの実効電圧，実効電流を個々に測り掛け合わせるだけでは計算できない点が直流電力測定と異なり，これを実現するため下記の方法が用いられる。

11.3.2　3 電 圧 計 法

図 11.4（a）に示すように3個の電圧計の実効値 V_1, V_2, V_3 と，既知の抵抗 R から交流電力 P を測定する。

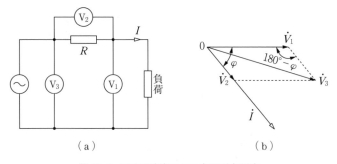

（a）　　　　　　　　　　　　（b）

図 11.4　3電圧計法による交流電力測定

　負荷に印加されている電圧の実効値が V_1 であり，位相 0 のときのベクトルを $\dot{V}_1$ とする。負荷電流 $\dot{I}$ は位相 φ だけ遅れるが，電圧 $\dot{V}_2$ は $\dot{I}$ と同相である。また，電圧 $\dot{V}_3$ は $\dot{V}_1$ と $\dot{V}_2$ の足し合わせであり，図（b）のベクトル図より

$$V_3^2 = V_1^2 + V_2^2 - 2V_1V_2\cos(180° - \varphi) = V_1^2 + V_2^2 + 2V_1V_2\cos\varphi \qquad (11.4)$$

となる。交流電力 P は

$$P = V_1 I\cos\varphi = V_1 \frac{V_2}{R}\cos\varphi \qquad (11.5)$$

であるから次式が導かれる。

$$P = \frac{V_3^2 - V_1^2 - V_2^2}{2R} \tag{11.6}$$

11.3.3　サンプリング法

　3電圧計法は電圧の実効値から電力を計算した。ここで，A-D 変換器の変換速度が交流電圧の周波数よりも十分速く，正負の電圧が計測できるものである

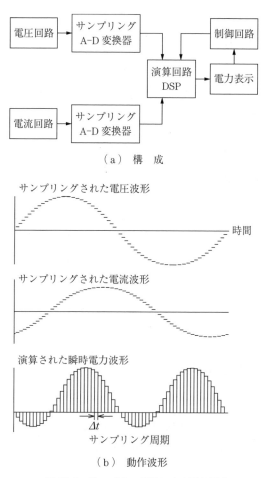

（a）　構　成

（b）　動作波形

図 11.5　サンプリング法による電力測定

としよう。その場合，式 (11.1) を用いて瞬時瞬時の電力が計算でき，さらに
これらを加算していくことで1周期の平均をとれれば交流電力が計算できる。
この流れを示したのが**図11.5**であり，サンプリングにより正負の瞬時電力を
計算していき，1周期の平均をとり交流電力を計算して，さらに時間を掛けて
いくことで電力量が計算できる。

11.3.4　ホール素子電力計

　ホール素子を用いた電力計の原理図を**図11.6**に示す。6.2節で説明したよ
うにホール素子の出力は $V_H \propto BI$ であり，外部磁束密度と駆動電流に比例する。

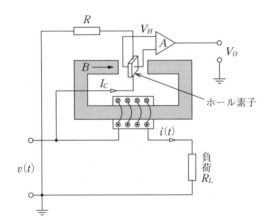

図11.6　ホール素子を用いた
電力測定

　図11.6の回路においては，ホール素子の電流 $I_C(t)$ は $I_C(t) = v(t)/R$ より電
圧に比例する。また，磁界 $B(t)$ は負荷電流 $i(t)$ に比例するから $B(t) = Ki(t)$ と
すると，ホール素子の出力は

$$V_H(t) = \frac{R_H K}{dR} v(t) i(t) \tag{11.7}$$

となる。

　この掛け算が力率を含んだ正負の値になることは式 (11.1) より明らかであ
る。そこで，この値を平均すれば交流電力値が，時間と共に積算していけば電
力量が計算できる。

ホール素子電力計も直流電力，交流電力どちらも計測可能であるが，地磁気やコアの残留磁界の影響に対する注意が必要である。

11.4 電力量計による測定

アルミ製円板の回転を用いた電力量計は現在でも家庭で用いられている。次世代のマイコン式電力量計は図11.4または図11.5の手法で得た電力に時間を掛けて電力量を計算しているが，マイコンや測定回路などへの直流電源が必要になる。

これに対して，**図11.7**に示す誘導型電力量計は商用電源で駆動され，停電

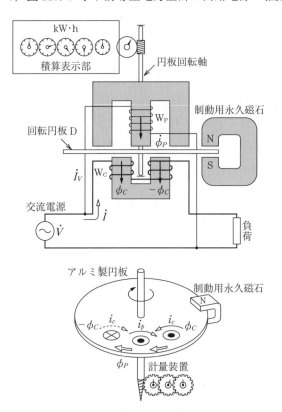

図11.7 誘導型電力量計の原理

時にも値を機械的に保持し続けるなどロバストな特徴を持っている。

その構造は，負荷に流れる電流により $\phi_C = L_I \dot{I}$ と $-\phi_C = -L_I \dot{I}$ の磁束を発生させる。また，負荷にかかる電圧により磁束 $-\phi_P$ が発生する。ϕ_P は電圧によって流れる電流に比例するから $\phi_P = L_P I_P = \int \dot{V} dt$ となる。これらの磁界はアルミ製円板に渦電流を生じさせる。

渦電流 i と磁界 ϕ の関係は $d\phi / dt = \rho i$ であるから

$$i_p = \frac{1}{\rho}\frac{d\phi_P}{dt} = \frac{1}{\rho}\frac{d}{dt}\left(\int \dot{V}dt\right) = \frac{\dot{V}}{\rho} \tag{11.8}$$

$$i_c = \frac{1}{\rho}\frac{d\phi_C}{dt} = \frac{L_I}{\rho}\frac{d\dot{I}}{dt} \tag{11.9}$$

この渦電流と磁界によりフレミングの左手の法則 $F = i \times B$ に従ってトルクが発生するが，渦電流と磁界が足し合わされる二つの場所を考える。左側は電流も磁束も打ち消し合うため力 F は小さい。一方，右側は両者が強め合うため，矢印の方向に力が発生する。このトルクは

$$\tau_d = K(i_p + i_c)(\phi_P + \phi_C) \tag{11.10}$$

となる。第1項と第4項は自分自身とその微積分の掛け合わせだから2倍角の公式より平均するとゼロになる。

第2項と第3項を積分して平均トルク T_d を求めると

$$T_d = K_d\frac{1}{T}\int_0^T \tau_d dt = K_d\frac{1}{T}\int_0^T \left(\frac{\dot{V}}{\rho}L_I\dot{I} + \frac{L_I}{\rho}\dot{I}\dot{V}\right)dt = 2K_d\frac{L_I}{\rho}IV\cos\varphi \tag{11.11}$$

となり，力率を含んだ交流電力に比例したトルクが発生する。アルミ製円板には制動用磁石が取り付けられており，円板が移動すると渦電流により制動トルクが発生する。そのトルクは

$$\tau_C = K_C v\frac{B^2}{\rho} \tag{11.12}$$

となる。この両者がつり合った状態で移動速度が決まるから移動量速度と交流電力は比例して，さらに回転数が電力量に対応することになる。

演　習　問　題

[**11.1**]　図 11.1 において $R_A = 10\,\Omega$，$R_V = 10\,\mathrm{M\Omega}$，$R_L = 1\,\mathrm{k\Omega}$ のとき，図（a），図
　　　（b）どちらの誤差が少ないか述べよ。

[**11.2**]　図 11.4 の 3 電圧法により交流電力を測定した。図において $R = 10\,\Omega$，$V_1 =$
　　　30 V，$V_2 = 20$ V，$V_3 = 40$ V のときの交流電力と力率を求めよ。

[**11.3**]　図 11.4 の 3 電圧法により交流電力を測定した。図において $R = 10\,\Omega$，$V_1 =$
　　　30 V，$V_2 = 20$ V，$V_3 = 50$ V のときの交流電力と力率を求めよ。

[**11.4**]　3 電圧法のほかに三つの電流計により交流電力を測定できる。**図 11.8** にお
　　　いて $R = 10\,\Omega$，$I_1 = 20$ A，$I_2 = 20$ A，$I_3 = 30$ A のときの交流電力と力率を求めよ。

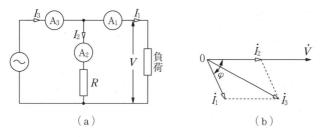

（a）　　　　　　　　　　　　　　　　（b）

図 11.8

[**11.5**]　ホール素子を用いると交流電力も測定できる。ホール素子のあとに必要な回
　　　路図を含めてこの原理を説明せよ。

[**11.6**]　三相電力を測定する際にはブロンデル（Blondel）の定理に従って二つの電
　　　力計で測定を行う。この原理を調べ説明せよ。

12

○○○○○○○○○○○○○○○○○○○○○○○○

周　波　数

○○○○○○○○○○○○○○○○○○○○○○○○○○○○○○○○

12.1　セシウム原子時計

12.1.1　原　子　時　計

　SI 単位の中で時間の精度は 10^{-13} であり，ほかの単位に比べ抜きんでている。1 秒間は，セシウム原子時計を用いて「セシウム 133 原子の基底状態の二つの超微細準位間の遷移に対応する放射の周期の 9 192 631 770 倍の継続周期」となっている。基底状態とは，原子が一番安定しているつまり励起されていない状態である。セシウムの原子核は自転しているため磁界が発生し，電子はその磁界の中でスピン（自転）しているために，電子のスピンによって作られる磁界はアップスピンとダウンスピンの 2 通りで，原子核と電子スピンの相互作用によって生じるエネルギーは高い状態と低い状態の二つに分かれる。エネルギーが高い状態から低い状態に戻るときにはエネルギーを放出して，逆に電磁波を吸収させれば低い状態から高い状態に移る。原子時計では，この二つの超微細準位の間でエネルギーの放出と吸収を起こさせ，その際に発生する電磁波の周波数から時間を計算している。

　図 12.1 にセシウム原子時計の構成を示す。熱した炉から放射されたセシウム 133 の蒸気は，エネルギーの高いものと低いものとがほぼ半々含まれる。高いものと低いものは磁界の方向が違うため，磁界によって二つに分離できる。分離されたうちエネルギーの低い原子に水晶振動子を基準として 9 192 631 770 Hz のマイクロ波を照射する。これによって原子ビームは一部が励起され，こ

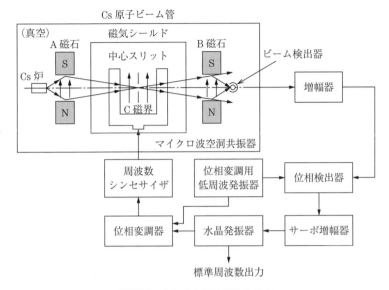

図12.1　セシウム原子時計の構成

れに再び磁界をかけるとエネルギーの高い原子だけが分離される。エネルギー
の低い原子から高い原子に移る数が多いほど原子固有のエネルギー（波長）と
照射電磁波のエネルギーが合っていることになるため，励起状態のセシウムの
量が最大となるようフィードバックによって周波数を調整する。この結果とし
て正確な 9 192 631 770 Hz のマイクロ波を作り出す。周期を数えて 9 192 631 770
回になったときを 1 秒にすれば時計になる。

12.1.2　周波数安定度と平均化

　セシウム原子周波数標準にも正規（ガウス）分布の時間揺らぎがある。この
揺らぎに対して時間をかけて平均化していけば，温度変動などがなければ周波
数安定度（平均値の標準偏差）は小さくなっていく。**図12.2**に精密周波数源
の平均化時間と周波数安定度の関係を示すが，セシウム原子時計では 10 日以
上の平均化時間をかけて，10^{-13} の精度を実現している。

　平均化時間を増やしていくと周波数安定度が上がることは，2 章の統計処理

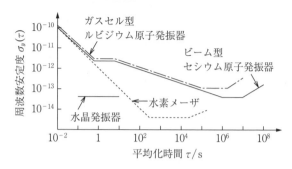

図 12.2 精密周波数源の平均化時間と周波数安定度の関係

において式 (2.5) の平均の実験標準偏差が回数 n を増やすと小さくなること
と同じ原理である。しかしながら，周波数は連続的に出力されてくるので，あ
る時間でまとめて複数のデータを平均することはできない。そこで，平均化時間
τ を設定して，その時間で休止することなく周波数発信源の周波数を測定して平
均化していく。この周波数に関してその前後での周波数変動を次式で計算する。

$$\overline{y}_i = f(t_{i-\tau}) - f(t_i) \tag{12.1}$$

さらに，測定個数を n とすれば，アラン分散と呼ばれる式 (12.2) で周波数
安定度が定義される。

$$\sigma_y^2 = \frac{1}{2(n-1)} \sum_{i=1}^{n-1} \left(\overline{y}_{i+1} - \overline{y}_i \right)^2 \tag{12.2}$$

n が増えてもこの分散値がそれほど変わらないことは 3 章の議論から明らか
であるが，平均化時間 τ を増やしていけば周波数安定度は向上する。

12.2　水晶振動子と周波数カウンタ

12.2.1　水晶振動子の構造と駆動回路

図 12.2 の中で 1 秒程度の平均化時間で 10^{-13} を実現しているのが水晶振動
子である。温度ドリフトや長期的な経年変化による周波数変化のため，長い時
間にわたる周波数標準には適さないが，時計，パソコンなどで水晶振動子は多
用される。水晶振動子は，金属製の容器の中に封止されており，構造は**図**

12.3 のようになっている。

　水晶の振動周波数は用途によって，さまざまなものが作られており，例えば時計の中の水晶振動子は 32 768 Hz で振動しており，カウンタ回路で 32 768 カウントして 1 秒を出力する。32 768 は 2 進数の 15 bit に相当する。水晶振動子を駆動するものとして CMOS インバータを用いた**図 12.4**（a）の回路がある。インバータは，図（b）のように Hi 入力が入ると出力が Low になるディジタル回路の素子であるが，抵抗で入力と出力を接続すると増幅器となる。

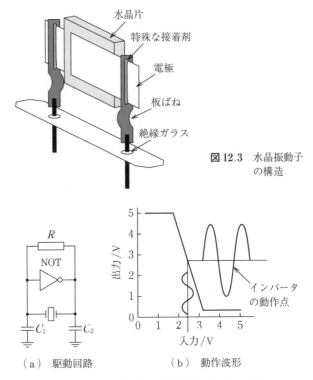

図 12.3　水晶振動子の構造

（a）　駆動回路　　　　（b）　動作波形

図 12.4　水晶振動子の駆動回路とその動作波形

　一方，水晶振動子の電気的インピーダンスの周波数特性を測定すると**図12.5**となり，ある周波数でインダクタンスと見かけ上同じになる。そこで，水晶がインダクタンスになったとき正帰還が起こり発振する回路構成とすれ

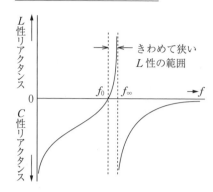

図 12.5　水晶振動子の
　　　　電気的な特性

ば，ある特性の周波数で発振する回路となる。

12.2.2　周波数カウンタ

　周波数を測定する周波数カウンタには，直接計数方式とレシプロカル（reciprocal）方式がある。**図 12.6** に示す直接計数方式では，被測定信号のサイクル数を 1 秒間数えれば周波数が直接得られる。一方，低い周波数では有効桁数が限られ，高分解能の測定が困難になる。**図 12.7** に示すレシプロカル方

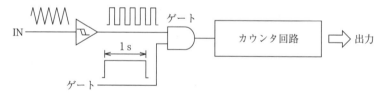

図 12.6　直接計数方式の原理

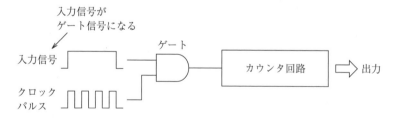

図 12.7　レシプロカル方式の原理

式では，被測定波形の周期 T を高周波クロックで数えて $f=1/T$ の式から周波数を算出する。低周波では周期が長くなるため有利であるが，中周波数ではカウントする桁数が落ちるので，数サイクル分の時間を測ることでカウント数を増大させて分解能を上げる。

12.2.3 ヘテロダイン

これらの方式と異なる方式としてヘテロダイン（heterodyne）方式がある。これは測定周波数から適当な周波数を差し引き，残りの周波数を直接計数方式か，レシプロカル方式で測定する方式である。その構成は，**図 12.8** のようになっており，差し引く周波数は周波数逓倍器で作り出す。**図 12.9** に示す周波数逓倍器は，位相検波器と $1/N$ 分周器で Nf_r の周波数を作り出す回路である。

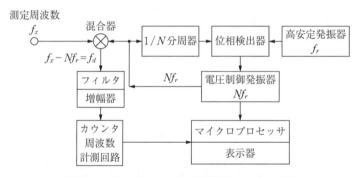

図 12.8 ヘテロダイン方式の周波数カウンタの構成

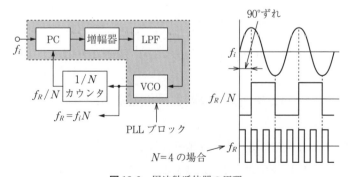

図 12.9 周波数逓倍器の原理

周波数カウンタを用いて位相差も計測できる。その流れを**図 12.10** に示す。2 入力の周波数カウンタを用いて信号 A と信号 B からゲート信号を作り出し，その引き算を行う。その時間をクロックで測定した C_{CLK} と，1 周期分を測定した C_{period} から位相差 θ は次式となる。

$$\theta = \frac{C_{CLK}}{C_{period}} \times 2\pi \tag{12.3}$$

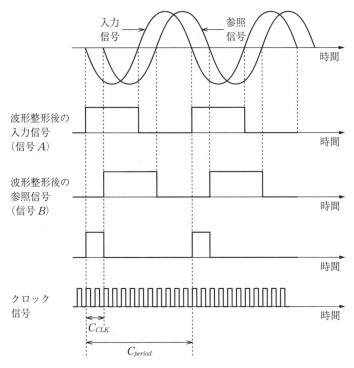

図 12.10　周波数カウンタによる位相差測定の原理

12.3　掛け算器と周波数の引き算

図 12.9 の周波数逓倍器の中の位相検波器は掛け算器が基本となっている。掛け算器 $V_o = V_1 V_2$ を実現する原理はダイオードやバイポーラトランジスタの

指数関数特性を利用している。電流がある程度大きければ次式で近似できるから

$$I = Ae^{(kV-1)} \fallingdotseq Ae^{kV} \qquad (12.4)$$

回路において電圧の加算がなされていれば，流れる電流は

$$I = Ae^{k(V_1 + V_2)} = Ae^{kV_1}e^{kV_2}$$

となる。ここで

$$e^x = 1 + \frac{x}{1!} + \frac{x^2}{2!} + \cdots$$

を用いて

$$I \fallingdotseq A(1 + kV_1 + kV_2 + kV_1 \times kV_2) \qquad (12.5)$$

と展開できる。

　この原理を用いてダイオードと変圧器で掛け算器を構成したものとして，二重平衡変調器がある。**図 12.11** の回路において変圧器の AB 間で発生した信号波電圧に加えて，B 端子が搬送波で駆動されるからダイオード D_2 では電圧が加算されて $I = Ae^{k(V_1 + V_2)}$ となり式（12.5）の値となる。

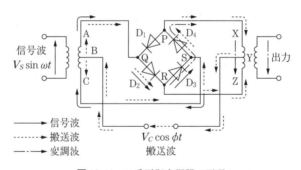

図 12.11　二重平衡変調器の原理

　一方，変圧器の BC 間で発生した信号波電圧はダイオード D_3 を通して引き抜かれ，搬送波成分はダイオード D_4 を通して出力電圧から差し引かれる。このため式（12.5）の中の $kV_1 + kV_2$ に相当する成分は打ち消される。

　なお，直流値 A に相当する電流は変圧器の原理から出力されない。結果として出力は $kV_1 \times kV_2$ の成分のみとなる。積和の公式より乗算すると周波数の

引き算と足し算の項が現れる。低域フィルタによって周波数の引き算の成分だけ取り出す。このようにすると，出力は周波数と位相が一致したときゼロになるという位相比較器が実現できる。同様の原理でトランジスタと抵抗で構成されるものとしてギルバート（Gilbert）乗算器がある。

演 習 問 題

[**12.1**]　ある周波数源を測定したところ周波数変動が
$$\overline{y}(1) = 100.0 \text{ Hz}, \quad \overline{y}(2) = 99.4 \text{ Hz}, \quad \overline{y}(3) = 99.6 \text{ Hz},$$
$$\overline{y}(4) = 100.2 \text{ Hz}, \quad \overline{y}(5) = 99.8 \text{ Hz}$$
であった。アラン分散を用いてこの周波数安定度を求めよ。

[**12.2**]　1 MHz の信号をゲート時間 1 秒で測定する。そのときの計測されるカウント数を答えよ。

[**12.3**]　周波数 20 Hz の信号の 1 周期を 10 MHz のクロックでカウントする。そのときのカウント数を記録できるカウンタは何 bit か答えよ。

[**12.4**]　式 (12.3) の位相差測定において $C_{CLK} = 100$, $C_{period} = 2\,000$ であった。位相差 θ を度で計算せよ。

[**12.5**]　上記の位相差測定の分解能は何度か答えよ。

[**12.6**]　位相差を 0.1 度の分解能で測定したい。入力周波数が 50 Hz であったとき必要なクロック周波数を答えよ。

[**12.7**]　西日本と東日本の商用周波数を答えよ。なぜ，周波数が異なるのか歴史を調べよ。

[**12.8**]　出力 $kV_1 \times kV_2$ で $V_1(t) = V_{p1} \sin \omega_1 t$, $V_2(t) = V_{p1} \sin \omega_2 t$ とする。積和の公式より乗算をすると，周波数の引き算と足し算の項が現れることを示せ。

13 ◇◇◇◇◇◇◇◇◇◇◇◇◇◇◇◇◇◇◇◇ オシロスコープ, 記録計（ロガー）

13.1 オシロスコープの原理

13.1.1 アナログオシロスコープ

交流電圧など時間で変化する電圧波形を表示できる装置がオシロスコープ（oscilloscope）である。以前は**図 13.1** に示すようなアナログ信号処理回路とブラウン管（cathode-ray tube, CRT）で表示を実現していたが，現在は高速A-D 変換器と液晶ディスプレイを用いたディジタルオシロスコープやノートパソコンにプラグインするタイプのモジュールが市販されている。オシロスコープは，横軸に時間，縦軸に電圧の表示を行う装置であるが，高周波の信号は人間の目では認識できない。そこで高周波信号に関してはトリガという仕組

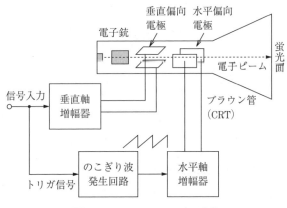

図 13.1 オシロスコープの原理

みで時間を繰り返し表示して，人間の目に見えるようにしている。

　図 13.1 の電圧波形をディスプレイ上に波形が静止して見えるようにするに
は，波形を描画し始めるタイミングを毎回同じ電圧にそろえて繰り返し表示す
ればよい。具体的には，入力電圧を電圧比較器で検出して，ある電圧レベルを
超えたときに，横軸の掃引を始める。掃引は横軸の表示点を時間に比例して変
化させるもので，アナログオシロスコープの場合にはのこぎり波を発生させて
横軸に印加する。**図 13.2** においてトリガを発生させる電圧は点 A であるが，
毎回点 A でのこぎり波を発生させる必要はなく，ある一定時間をかけて横軸
の掃引を行い，再び点 A が現れるのを待って再掃引を行うことで複数の繰返
し波形を任意に表示させることができる。トリガの発生は入力電圧の立上りと
立下りの両方を選ぶことができる。

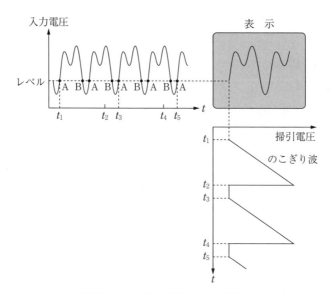

図 13.2　トリガの仕組みとのこぎり波

13.1.2　ディジタルオシロスコープ

　ディジタルオシロスコープの原理を**図 13.3** に示す。ディジタルオシロス
コープでは，観測波形は波形メモリに蓄えられていく。このため，トリガはメ

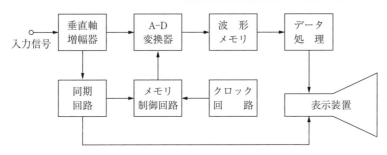

図 13.3　ディジタルオシロスコープの原理

モリに蓄えられた波形をどのタイミングで再表示させるかという機能となる。アナログトリガではトリガがかかると画面の左端から描画が行われるが，ディジタルオシロスコープでは画面中央からそれ以前の波形を含めて表示を行う。また，トリガが 1 回かかったら観測自体を自動停止するモードもある。

　オシロスコープの画面には目盛が表示されており，1 目盛をディビジョン（division, div）と呼ぶ。縦軸の感度 Volt／div と横軸の掃引時間 time／div は**図 13.4** のつまみで変化させることができる。縦軸の感度は内部で垂直増幅器の利得を変化させて調整させる。横軸の感度はアナログオシロスコープではのこぎり波の周期を変化させて調整するが，ディジタルオシロスコープではメモリの中からどのくらいのサンプリング周期で表示させるかを調整する。

図 13.4　オシロスコープ
のつまみと目盛

13.1.3　入力プローブ

　オシロスコープの入力回路は垂直増幅器とそれに続くアナログ表示回路か高速 A-D 変換器で構成される。オシロスコープの垂直増幅器は，**図 13.5** のように内部抵抗 $R_{in} = 1\,M\Omega$，内部容量 $C_{in} = 20\,pF$ 程度を持っている。さらに，同軸ケーブルにも外側のシールド線との間にも容量が形成されている。信号源の出

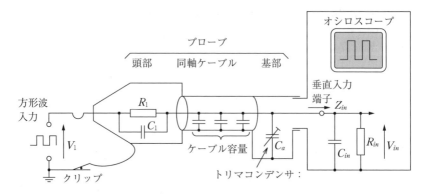

図 13.5 オシロスコープのプローブと入力部分の内部回路

力抵抗によっては，これらの内部容量と内部抵抗を駆動しきれず，波形が減衰することがある。

これを防ぐために，図 13.5 のプローブ（porbe）と呼ばれるものが用いられる。プローブは内部抵抗 $R_1 = 9\,\mathrm{M\Omega}$，並列容量 $C_1 = 11.1\,\mathrm{pF}$ 程度であり，これが直列に入るために，プローブから見たオシロスコープの内部抵抗は $10\,\mathrm{M\Omega}$，入力容量 $10\,\mathrm{pF}$ で，オシロスコープには入力電圧の $1/10$ の電圧が現れる。見かけの抵抗が大きくなることで出力抵抗の大きな抵抗の信号であっても信号の減衰が少なくなる。

この等価回路は**図 13.6** のようになり，抵抗と容量の値によっては低域減衰特性や高域減衰特性が形成させることになる。トリマコンデンサの容量値 C_a を調整することで**図 13.7** のように信号の周波数特性が平坦になるようにできる。このため，オシロスコープには $1\,\mathrm{kHz}$ 程度の方形波を出力しているテスト端子がつ

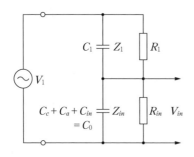

図 13.6 オシロスコープのプローブと
入力部分の等価回路

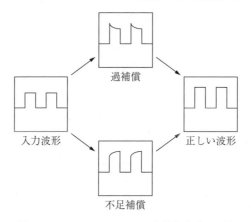

図 13.7 トリマコンデンサの調整と波形の関係

いており，プローブとオシロスコープの機器ごとの差や経時変化を補正するために定期的にプローブの校正をすることが望ましい。

13.2 波 形

13.2.1 波形の読み方

図 13.8 を用いてオシロスコープに表示される波形の読み方に関して解説する。縦軸は Volt/div であるので目盛と縦軸感度から電圧に換算する。プローブで測定しているときは実際の $1/10$ の電圧値であるが，ディジタルオシロで

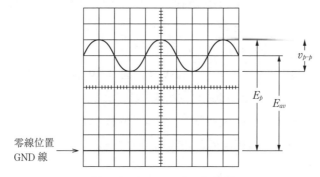

図 13.8 オシロスコープの波形

は用いるプローブを指定すると自動的に 10 倍して実際の値にするものもあるので，プローブのテスト端子を用いて確認する。また，オシロスコープは直流モードと交流モードがあるため設定を確認する。横軸の感度は time/div であり，1 目盛当りの時間を確認しておく。

オシロスコープのチャネル入力には，GND 接続のボタンがあり，これを押すことで GND 電位にすることができる。さらに上下移動のつまみによって，各チャネルの GND 線を適切に合わせる。DC 入力モードで図 13.8 の波形が観察されたとする。10：1 減衰プローブがオシロスコープに指定され，縦軸が実電圧 0.5 Volt/div となっている場合は，図 13.8 の波形は直流電圧 $E_{av} = 3$ V，交流のピークピーク（peak-to-peak）電圧は $v_{p-p} = 1$ V となる。横軸が 5 ms/div であれば，周期 $T = 4 \times 5$ ms $= 20$ ms となり，周波数は 50 Hz であることがわかる。

13.2.2 波 形 の 用 語

オシロスコープを用いてパルス波形を計測する際の波形に関する定義を**図 13.9** に示す。パルス幅は 50 ％振幅の時間として定義される。また，立上り時間 t_r は 10 ～ 90 ％の振幅の間の時間，立下り時間 t_f は 90 ～ 10 ％の振幅の間の時間である。オシロスコープは，製品ごとに周波数帯域幅 B が記載されている。$t_f = 0.35/B$ の関係があるから速いパルス波形を観測する場合には，帯域幅 B の大きな製品を選ぶ必要がある。デューティサイクル（duty cycle）はパルス幅/パルス周期で定義される。また，オーバシュート（overshoot），オフセット（offset）などもよく用いられる。

続いて，2 現象オシロスコープにおいて，**図 13.10** の波形が得られたときのチャネル 1 とチャネル 2 の電圧の位相差を計算する。横軸が 1 ms/div であれば，周期 $T = 6 \times 1$ ms $= 6$ ms となる。二つの波形の位相遅れ時間は $T_D = 2 \times 1$ ms $= 2$ ms であるから位相差 θ はつぎのようになる。

$$\theta = \frac{T_D}{T} = \frac{2}{6} \times 360° = 120°$$

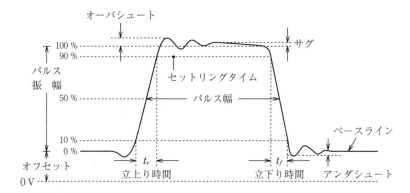

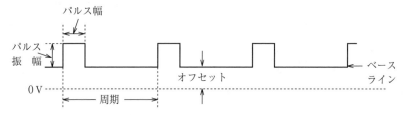

図 13.9 パルス波形に関する用語

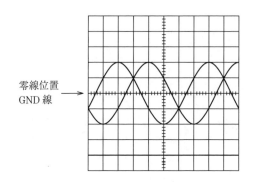

図 13.10 2現象モードでの
オシロスコープの波形

　ディジタルオシロスコープでは，メモリに取得されたデータをもとに複数回の波形を加算平均して表示を行うアベレージング（averaging）モードがある。白色雑音などには加算平均によって見かけ上小さくなっていくから，所望の信号成分を観測するときに便利である。加算される信号の回数を N とすると，信号成分は N 倍になるが，周期性のないノイズは $\sqrt{N}$ 倍にしかならないため SN 比は $\sqrt{N}$ 倍改善される。

また，メモリに取得されたデータを連続的に時間領域から周波数領域に高速
フーリエ変換（fast fourier transform, FFT）する機能を持ったオシロスコープ
もあり，特性の周波数成分を持つ信号の観測に便利である。

13.3　リサジューの図形

位相差と周波数差を測定するのに便利なものとしてリサジューの図形
（Lissajous's figure）がある。オシロスコープにはチャネル1を x 軸，チャネル
2 を y 軸にする xy 表示の機能がある。いま，$x = A\sin \omega t$, $y = A\sin(\omega t + \theta)$ と
したとき画面の xy 軸には

$$\frac{x^2}{A^2} - \frac{2xy}{A^2}\cos\theta + \frac{y^2}{A^2} = \sin^2\theta \tag{13.1}$$

の関係がある。この式は楕円の方程式である。二次方程式の解を利用して y を
計算すると

$$y = x\cos\theta \pm A\sqrt{1 - \frac{x^2}{A^2}}\sin\theta \tag{13.2}$$

であるから，わかりやすい例として $\theta = 0°$ の場合は $y = x$ となる。$\theta = 90°$ の場
合は

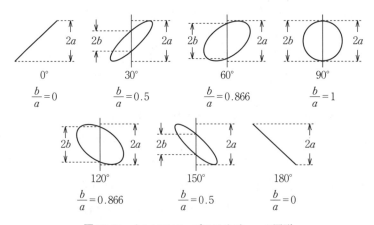

図 13.11　オシロスコープのリサジューの図形

$$y = \pm A \sqrt{1 - \frac{x^2}{A^2}}$$

の関係より円となる。途中の角度を示したのが**図 13.11** であり，図形の形から位相差を推測することができる。

また，周波数が異なる場合は，**図 13.12** のように周波数の高い軸に頂点が多く現れるため周波数比も推測できる。

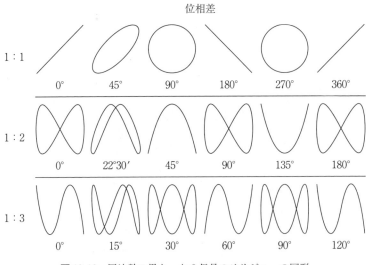

図 13.12　周波数の異なった 2 信号のリサジューの図形

13.4　記　録　計

オシロスコープは繰返し波形を表示する装置であり，ディジタルオシロスコープであっても波形の長時間記録は無理である。そこで，大容量メモリを持ったレコーダ（recorder）と呼ばれる装置が数時間，数日にわたる波形記録に用いられる。レコーダでは，入力電圧は A-D 変換器によってディジタル値とされ，内蔵するクロック信号と合わせて時間と電圧のデータに変換され，メモリに記録される。なお，時間軸波形を表示する機能を持つものをレコーダと

呼び，単にデータを記録するだけの単機能装置（自動記録器）をロガー（logger）と呼ぶ。ロガーは，気象計測やプラント監視などで多数のものが用いられており，メモリに記録されたデータは近距離光通信や Bluetooth などの近距離無線でユーザの持つ端末に転送される。

演 習 問 題

[**13.1**]　図 13.8 の波形において縦軸，横軸を教科書記載値とする。電圧波形を式で表せ。

[**13.2**]　あるディジタルオシロスコープで**図 13.13** の波形が得られた。波形の周期，幅，振幅電圧を示せ。

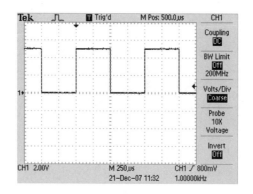

図 13.13

[**13.3**]　あるディジタルオシロスコープは内部メモリに 10 ns 間隔でサンプリングされている。このオシロスコープが表示できる最大周波数はいくらか計算せよ。

[**13.4**]　ディジタルオシロスコープにおいて 100 回加算平均を行ったとき，表示される信号の SN 比はどれだけ改善されるか述べよ。

[**13.5**]　**図 13.14** のようなリサジューの図形が得られたときの周波数の比を求めよ。

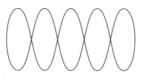

図 13.14

[**13.6**]　$x = A\sin \omega t$，$y = A\sin(\omega t + \theta)$ から式（13.2）および式（13.1）を求めよ。

14

○○○○○○○○○○○○○○○○○○○○○

コンピュータ計測と
センサ無線

○○○○○○○○○○○○○○○○○○○○○○○

14.1 計測ソフトウェア

現在の計測器ではほとんどの機種が USB 端子もしくは GP-IB 端子経由で
データを PC に取り込める仕様となっている。また，ソフトを添付して PC で
計測器のレンジ，取込みタイミングなどを設定して USB 経由で表計算ソフト
に取り込める装置も多い。高度な計測を行う場合は，複数の計測器，電圧・発
振器などを連携させ，データ取込みをする必要があるが，このような用途には
Lab View のような汎用ソフトを用いる例が多い。統計処理やグラフ表示・保
存などの機能も持たすことができるため，計測と処理の効率を上げることがで
きる。しかしながら，このような計測システムを用いるときも各計測機器の精
度，有効数字，取込み速度などを十分理解したうえで用いることが必要であ
る。

14.2 セ ン サ 無 線

加速度の測定においては，測定対象に電源線，信号線を接続すると運動を妨
げ，正確に測定できないことがある。センサにマイコンと無線を付けてワイヤ
レスでデータを送信するのがセンサ無線と呼ばれる手法である。無線では電子
基板の高周波電流をアンテナによって空中に電磁波として放出したり，逆に空
中の電磁波を高周波信号として回路に入力する。この等価回路は**図 14.1**（b）

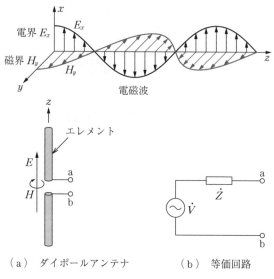

（a）ダイポールアンテナ　　　（b）等価回路

図 14.1　ダイポールアンテナとその等価回路

となっており，信号電圧と特性インピーダンス Z の等価回路となる。一般の
アンテナおよび同軸ケーブルは $Z=75\,\Omega$ または $50\,\Omega$ になるように設計されて
いる。

　無線システムの構成は**図 14.2**であり，信号をいったんディジタル信号とし
てから高周波信号に重畳させる変調を行いアンテナから送信する。

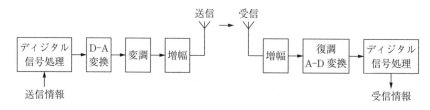

図 14.2　無線システムの構成

　無線モジュールは**表 14.1**にようにいくつかの規格があるが，センサ無線で
は ZigBee 規格がよく用いられる。ZigBee ネットワークは，低コスト，低消費
電力で無線通信センサネットワークを構築するのに適しており，伝送速度はほ

表 14.1　無線規格の比較

	ZigBee	Bluetooth	Wi-Fi	特小無線
IEEE 規格	802.15.4	802.15.1	802.11.b	N/A
周波数	2.4 GHz	2.4 GHz	2.4 GHz	400 MHz
海外使用	○	○	○	×
ネットワーク形態	ツリー	P2P/スター	ツリー	P2P/スター
バッテリ	月～年単位	数日	数時間	月～年単位
ノード数	65 535	7	32	255
通信距離	100 m, 1 km	10 m, 100 m	100 m	500 m
データレート	20-250 k bps	700 k ～ 2 M bps	11 M bps	10 k bps
消費電力	30 mW	100 mW	700 mW	30 mW

かの無線に比べると遅いが，一つのネットワークで最大 65 535 ノード（端末）の接続が可能であり，複雑な設定をすることなく柔軟なネットワークを構築できる。

　ZigBee ネットワークでは，親デバイス一つにクラスタツリー構造で複数の子デバイスが接続できるが，メッシュ構造と呼ばれる最適なルートを自動で探して信号伝達を行うこともできる。センサ無線のシステムは OSI 基本参照モデル（コンピュータの持つべき通信機能を階層構造に分割したモデル）で記述できる。図 14.3 の第 1 層の物理層は，無線通信部分に該当する。第 2 層のデータリング層は，通信を行っているノード間で正常な通信を行えるように検

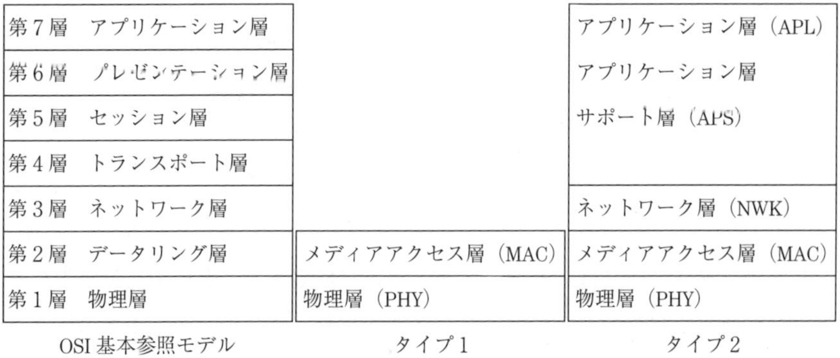

第 7 層　アプリケーション層		アプリケーション層（APL）
第 6 層　プレゼンテーション層		アプリケーション層
第 5 層　セッション層		サポート層（APS）
第 4 層　トランスポート層		
第 3 層　ネットワーク層		ネットワーク層（NWK）
第 2 層　データリング層	メディアアクセス層（MAC）	メディアアクセス層（MAC）
第 1 層　物理層	物理層（PHY）	物理層（PHY）
OSI 基本参照モデル	タイプ 1	タイプ 2

図 14.3　無線モジュールにおけるレイヤー層の比較

出や再送などの処理を行っている。第3層のネットワーク層は，アドレスの管理や，複数のノードが存在するときはルーティング管理を行っており，第4層のトランスポート層では，大きなパケットを複数に分解して送受信したときのパケット並び替えなどを行っている。第5層のセッション層では，通信の開始や終了などの通信端点間の経路確保・開放行っており，第6層のプレゼンテーション層では，データの圧縮・解凍や，エンコード・デコード処理を行っている。最後の第7層のアプリケーション層は，ユーザが用意するアプリケーションである。

表14.1のモジュールをマイコンとシリアル接続することで容易に無線システムが実現できる（**図14.4**）。

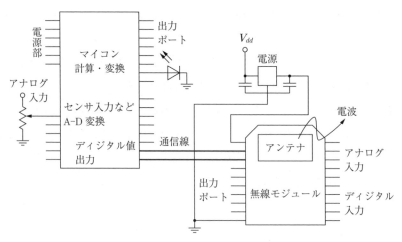

図14.4 マイコン，センサと無線モジュールの接続方法

14.3　センサネットワーク

センサネットワークは，センサと送信端末を接続することにより遠隔地のセンシング情報を収集し，そのセンシング情報を利用するシステムである。遠隔地や観測者が行くことができない場所の計測に向いており，各種センサと組み

合わせて温度，湿度，風向，風速，水位，振動，加速などの計測システムが作られている。その応用分野は，防犯・防災，環境，健康・医療，インフラ機器の保守，農業監視制御，遠隔検針など公的な利用から家庭・個人の広い範囲において，今後さらなる発展が期待されている。工場生産ラインにおけるセンサ群はネットワーク化されていても特定の制御や異常検出が目的なのに対して，センサネットワークでは「情報を定期的に収集」するのが最初にあり，蓄積されたデータをどのように使うかは，ユーザによって異なる。

　センサネットワークは2000年代初頭まで有線が主体であり接続センサ数も少なく利用範囲が限られていたが，近年無線式の普及が急速に増えている。センサネットワーク技術が無線通信で構築されることで，スマートグリッドと呼ばれる発電所や家庭・工場で電力の調整・融通を行いトータルで省エネルギーを実現するシステムが構築される。また，ガス管のガバナ（整圧器）に地震センサを設置し，地震発生時のガス管を遠隔遮断する地震防災システムが実現できる。

　センサ無線において，通信距離と消費電力の関係は重要である。**図 14.5** のように送受信アンテナの利得・電力と両者間距離を考えると，この関係はフリス公式と呼ばれる式（14.1）で示される。

$$P_R = \left(\frac{\lambda}{4\pi D}\right)^2 G_T G_R P_T \tag{14.1}$$

ここで，P_R は受信電力，G_T は送信利得，G_R は受信利得，P_T は送信電力，λ は波長，D は距離である。

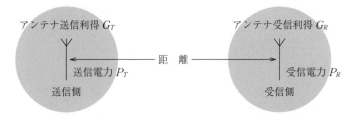

アンテナ送信利得 G_T　　　　　　アンテナ受信利得 G_R

距　離

送信電力 P_T　　　　　　　　　　受信電力 P_R

送信側　　　　　　　　　　　　　　受信側

図 14.5　センサ無線におけるアンテナ利得・送受信電力の関係

この式から，最終的な受信電力は送信側電力とアンテナの性能（利得）に比例し，波長と通信距離の比の2乗に比例することがわかる。つまり，送信電力が大きくアンテナの性能が良いほど良好な通信ができ，波長が長いほど通信距離が長くなる。

Zigbeeネットワークでは無線LANと同じ2.4 GHzを使っているが，フリス公式に従えば周波数が低く波長が長いほうが電力効率に優れることになる。このため1 GHzよりも低いサブGバンドと呼ばれる帯域やさらに低い300 MHzの周波数帯域を使うセンサ無線も実用化されている。法令改正により日本でも2.4 GHz周波数帯域に加えて新しく920 MHz周波数帯域が国内で使用できるようになり，スマートメータやセンサ用として注目が集まっている。920 MHz帯は周波数が低いため長距離通信に向くほか，回折性が良いため高電波到達性が期待できる。また，同じ距離を通信する場合には，2.4 GHz帯と比較して送信電力を下げ低消費電力化が図れる。

なお，2.4 GHz帯が，無線LAN通信，電子レンジなどにも使われているため，雑音レベルが全体的に高く干渉を受けやすいのに対して，920 MHz帯は各種雑音源からの干渉も少なく，安定した通信ができる周波数帯として期待されている。地域内や家庭内でのスマートなエネルギー管理システムなどを実現するには，電力情報を伝送するための通信インフラが必要となり，家庭やオフィス内の家電や電力機器をつなぐホームエリアネットワークと，屋外の建物間でスマートメータなどをつなぐフィールドエリアネットワークが必要でになる。今後，防災，見守り，医療・介護などを実現した安心安全な社会の実現のために，センサ，計測，ネットワーク技術の一層の進展が望まれる。

演 習 問 題

[14.1] センサ無線の有望な応用先を述べよ

[14.2] センサネットワークの将来の応用先を述べよ。

参 考 文 献

1) 日本化学会監修：物理化学で用いられる量・単位・記号 第3版, KS化学専門書 (2009)
2) 国際文書第8版 (2006)-国際単位系 (SI)——安心・安全を支える世界共通のものさし, 日本規格協会 (2007)
3) 飯塚幸三監修：ISO国際文書 計測における不確かさの表現のガイド, 日本規格協会 (1996)
4) 山崎弘郎：電気電子計測の基礎——誤差から不確かさへ——, 電気学会 (2012)
5) 慶應義塾大学理工学部 自然科学実験物理学編 基礎知識 (2012)
6) 大浦宣徳, 関根松夫：新しい電気・電子計測, 昭晃堂 (2006)
7) 南谷晴之, 山下久直：よくわかる電気電子計測, オーム社 (1996)
8) 信太克規：基礎電気電子計測, 数理工学社 (2012)
9) 中本高道：電気・電子計測入門, 実教出版 (2002)
10) 藤井信生：アナログ電子回路——集積回路化時代の——, 昭晃堂 (1984)
11) 鈴木憲次：高周波回路の設計・製作, CQ出版 (1992)
12) 高木 相：電気・電子応用計測, 朝倉書店 (1989)
13) 日野太郎：電気計測基礎, 電気学会 (1883)
14) Buchla and McLachlan：Applied Electronic Instrumentation and Measurement, Prentice Hall (1992)
15) Robert B Northrop：Introduction to Instrumentation and Measurements (Second Edition), CRC Press (2005)
16) 岡野大祐, 山下繁彦：現場でわかるノイズ対策の本, オーム社 (2010)
17) 実践的ノイズ対策技術のすべて, トランジスタ技術SPECIAL, No.82, CQ出版
18) JIS C 1602-1995
19) フリー百科事典, ウィキペディア日本語版, http://ja.wikipedia.org/ (2019)
20) 佐藤文隆, 北野正雄：新SI単位と電磁気学, 岩波書店 (2018)
21) 安田 正：単位は進化する—究極の精度をめざして, DOJIN選書, 化学同人 (2018)

演習問題解答

1 章 --

[1.1] 計測には，測定よりも多くの知識，技術，作業が必要である。その具体例を挙げ，わかりやすく説明する。

[1.2] 温度計，体温計，血圧計，電気量計などを用いて計測する方法論，手順，解析手法を説明する。

[1.3] 電子間の重力とクーロン力の比を計算すると

$$\frac{F_G}{F_C} = \frac{G\dfrac{m^2}{r^2}}{\dfrac{1}{4\pi\varepsilon_0}\dfrac{Q^2}{r^2}} = 4\pi\varepsilon_0 G\frac{m^2}{Q^2} = 2.4\times10^{-43}$$

であり，重力は無視できることがわかる。

[1.4] $\dim P = \mathsf{L^2MT^{-3}}$

[1.5] $\varepsilon_0 = \dfrac{1}{4\pi F}\dfrac{Q_A Q_B}{r^2}$

とすると，単位は $\mathrm{m^{-3}\cdot kg^{-1}\cdot s^4\cdot A^2}$，次元は $\dim\varepsilon_0 = \mathsf{L^{-3}M^{-1}T^4I^2}$

[1.6] 単位は $\mathrm{m\cdot kg\cdot s^{-2}\cdot A^{-2}}$，次元は $\dim\varepsilon_0 = \mathsf{LMT^{-2}I^{-2}}$

[1.7] 旧 SI の電流（A）は，2 本の導線に電流を流したとき，1 m 当り 2×10^{-7} N の力が作用するときの値である。導線の電流が他方の導線部分に発生させる磁界は $H = \dfrac{I_1}{2\pi r}$ であり，$F = i\times B$ から電線間の力は $F = BI_2 = \dfrac{\mu_0 I_1 I_2}{2\pi r}$ である。$\mu_0 = 4\pi\times10^{-7}$ であれば $F = 2\times10^{-7}\dfrac{I_1 I_2}{r}$ となることから上記が導かれたが，現在の磁気定数は，$\mu_0\varepsilon_0 = \dfrac{1}{c^2}$ の関係から求められる不確かさを持つ値である。

[1.8] $V = P/I$ より $\mathrm{m^2\cdot kg\cdot s^{-3}\cdot A^{-1}}$ が導かれる。

[1.9] 表 1.4 より It は $\mathrm{A\cdot s}$ で，CV は $\mathrm{m^{-2}\cdot kg^{-1}\cdot s^4\cdot A^2\cdot m^2\cdot kg\cdot s^{-3}\cdot A^{-1}} = \mathrm{A\cdot s}$ となり同じになる。

[1.10] $L\dfrac{di}{dt}$ は $\mathrm{m^2\cdot kg\cdot s^{-2}\cdot A^{-2}\cdot A\cdot s^{-1}} = \mathrm{m^2\cdot kg\cdot s^{-3}\cdot A^{-1}}$，$\dfrac{d\phi}{dt}$ は $\mathrm{m^2\cdot kg\cdot s^{-2}\cdot A^{-1}\cdot s^{-1}} = \mathrm{m^2\cdot kg\cdot s^{-3}\cdot A^{-1}}$ となり同じになる。

[1.11]　力の単位は N で，iB は 1 m 当りにかかる力だから，実効的な A·kg·s^{-2}·A^{-1}＝kg·s^{-2} に距離 m がかかると N となる。ma は kg·m·s^{-2} で N となる。

[1.12]　CGS 電磁単位系においては，磁気定数 μ_0＝1 となるように磁束と磁界の単位が決まっていると考えればよい。例えば，電流の単位として dyn$^{1/2}$＝emu 電磁単位（electromagnetic unit）を用いている。

2 章

[2.1]　天秤や検流計の入ったブリッジ回路など。精度はばね秤 2 g，天秤 0.1 g，電子天秤 0.01 g 程度が目安。零位法は天秤と電子天秤に用いられている。

[2.2]，[2.3]　式，統計電卓を用いて計算すると平均値は 99.96，実験標準偏差は 0.799，平均の実験標準偏差は 0.357 である。

[2.4]　足し算 16.61±0.42，引き算 7.71±0.42，掛け算 54.1(1±5 %) または 54.1±2.7，割り算 2.73(1±5 %) または 2.73±0.14

[2.5]　足し算 26.55±2.14 または 26.55(1±8 %)，引き算 6.13±2.14 または 6.13(1±35 %)，掛け算 166.8(1±15 %)，割り算 1.60(1±15 %)

[2.6]　$\Delta R = \left(\dfrac{\Delta V}{V} + \dfrac{\Delta I}{I} \right) R$

[2.7]　$V = \dfrac{1}{3} \pi R^2 V$ より

$$\Delta V = \left(2 \frac{\Delta R}{R} + \frac{\Delta L}{L} \right) V$$

で表される。

[2.8]　計器の読みは 7.1 V，計器の不確かさとして 0.015×30 V＝0.45 V を持つから，7.1 V±0.5 V となる。

[2.9]　分散の定義より

$$v = \int_{-\infty}^{+\infty} x^2 f(x) dx = \int_{-a}^{a} x^2 \frac{1}{2a} dx - \frac{a^3}{3}$$

よって標準偏差は $\sigma = a/\sqrt{3}$ となる。

[2.10]　9.73±0.33 で，合成不確かさは

$$\sqrt{0.33^2 + 0.1^2} = 0.34$$

となり，拡張不確かさは 0.68 となる。

[2.11]　$y = 0.026\,3x + 2.324\,3$

[2.12]　$y = 0.021x + 7.2$ となるから

$$y = 0.021x + 7.2 = 0.021(x - 20) + 7.62 = 7.62(1 + 0.002\,76(x - 20))$$

となり，$R_0 = 7.62\,\Omega$，$\alpha = 0.002\,76\,\Omega/℃$ となる。

3 章

[3.1]　$20 \log 20\,000 = 20 \times 4.3 = 86$ dB

[3.2]　$10 \log 100 = 20$ dB

[3.3]　$10 \log 500 = 27$ dBm

[3.4]　合計利得 $30\,\text{dB} + 20\,\text{dB} + 10\,\text{dB} = 60\,\text{dB}$，$10\,\mu\text{V} \times 1\,000 = 10$ mV

[3.5]　$13\,\mu\text{V}$，$T = 600$ K では $R = 10(1 + 0.3) = 13$ kΩ から，$21\,\mu\text{V}$

[3.6]　18 nA

[3.7]　同軸ケーブル，ツイストペアケーブル，金属筐体，アルミケース

[3.8]　ラインフィルタ，パスコン，線を太くしてインダクタンスを減らす。

[3.9]　$20 \log 5 = 14$ dB

[3.10]　利得は 10 倍であるから，出力電圧は 100 mV，雑音は 10 mV より SN 比 ＝ $100\,\text{mV} / 10\,\text{mV} = 10$，よって SN 比は 20 dB

[3.11]　入力の SN 比は $10\,\text{mW} / 0.1\,\text{mW} = 100$，出力雑音は $0.1\,\text{mW} \times 10 + 1\,\text{mW} = 2$ mW，出力の SN 比は $100\,\text{mW} / 2\,\text{mW} = 50$，よって $F = 2$

[3.12]　入力の SN 比は $10\,\text{mV} / 0.1\,\text{mV} = 100$，出力は $10\,\text{mV} \times 10 = 100$mV，雑音は $1\,\text{mV} + 3\,\text{mV} = 4$ mV，出力の SN 比は $100\,\text{mW} / 4\,\text{mW} = 25$，よって $F = 4$

[3.13]　入力の SN 比は $50\,\text{mW} / 1\,\text{mW} = 50$，入力雑音のよる出力雑音は $1\,\text{mW} \times 100 = 100$ mW。雑音指数 $F = 2$ ということは，出力の SN 比が 25 ということだから総雑音は 200 mW，よって出力雑音は 100 mW

[3.14]　$F_0 = F_1 + \dfrac{F_2 - 1}{G_1}$ より $1.5 = 1.3 + \dfrac{F_2 - 1}{10}$，よって $F_2 = 3$

[3.15]　$F_2 = 2$

4 章

[4.1]　μA741C において 12.5 MΩ，OP07D で 10 GΩ

[4.2]　V_2 をゼロとすれば V_b がゼロ，V_a は $(1 + R_{s1} / R_{f1}) V_1$，これが点 b で反転され

$$\text{出力電圧} = -\left(1 + \frac{R_{s1}}{R_{f1}}\right) \frac{R_{f2}}{R_{s2}} V_1$$

である。また，V_1 をゼロとすれば V_a がゼロ，V_2 は V_b に現れるから，非反転増幅器となり，$(1 + R_{f2} / R_{s2}) V_2$ である。このため，両者の重ね合わせで式 (4.8) となる。

[**4.3**]　V_2 をゼロとすれば

$$V_{o1} = \frac{R_1 + R_2}{R_1} V_1$$

$$V_{o2} = -\frac{R_2}{R_1} V_1$$

また，V_1 をゼロとすれば

$$V_{o1} = -\frac{R_2}{R_1} V_2$$

$$V_{o2} = \frac{R_1 + R_2}{R_1} V_2$$

これを重ね合わせて $V_{o3} = -(V_{o1} - V_{o2})$ より計算すれば，式 (4.10) となる。または R_1 の両端は V_1 と V_2 となるから流れる電流は $(V_1 - V_2)/R_1$ となる。R_2 での起動力，電圧降下を考え差動増幅すれば式 (4.10) となる。

[**4.4**]　スルーレートとは，演算増幅器に大振幅の入力信号を入れたときに，出力信号の追従する能力を表したものである。

[**4.5**]　雑音電圧は $23\,\text{nV}/\sqrt{\text{Hz}} \times \sqrt{100\,\text{Hz}} = 230\,\text{nV}$

[**4.6**]　反転増幅器の利得は -12 倍であるから $12\,\text{mV}$ と $0.48\,\text{mV}$

[**4.7**]　つぎの低域フィルタの減衰は $-20\,\text{dB}/\text{dec}$ であるから $1\,\text{MHz}$ の信号は $1/1\,000$ になる。したがって $1\,\text{mV}$

[**4.8**]　ボード線図は**解図1**となる。低周波では $1\,000$ 倍の増幅器であるが，$1\,\text{kHz}$ 近辺では積分特性を示す。このため，オフセット電圧に対する利得が制限され，図 4.11 の回路に比べて安定となる。

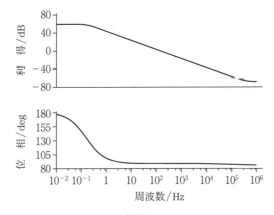

解図1

5 章 --

[5.1]　$24 \log 2 = 7.4$ より 7 桁

[5.2]　$2 + 4 + 8 + 32 = 46$

[5.3]　$100 = 64 + 32 + 4$ より　$(1100100)_{2進}$

[5.4]　量子化誤差は $\pm FS/2^{n+1}$ より 8 bit　$\pm 9.8\,\mathrm{mV}$，12 bit　$\pm 0.6\,\mathrm{mV}$

[5.5]　サンプリング定理より 1 kHz

[5.6]
$$V_{rms} = \sqrt{\frac{1}{T}\int_0^T A^2 \sin^2 \omega t\, dt} = \frac{A}{\sqrt{2}}$$

$$V_{av} = \frac{1}{T}\int_0^T |A\sin\omega t|\, dt = \frac{2}{T}\int_0^{T/2} |A\sin\omega t|\, dt = \frac{2A}{\pi}$$

より式 (5.7) が成り立つ。

[5.7]　この回路では「入力信号が正」のとき，A_1 は電圧ホロワとして動作する。このとき A_2 の両入力端子は入力信号と同じ電位になるため，A_2 出力には正極性の信号がそのまま現れる。「入力信号が負」のとき，A_1 の出力は $0\,\mathrm{V}$ になり，A_2 で入力信号が反転され，これらの結果として，入力信号の絶対値を得ることができる。

[5.8]　省略

6 章 --

[6.1]　$200\,℃ \times \pm 1\,\% = \pm 2\,℃$，$1\,000\,℃ \times \pm 0.1\,\% = \pm 1\,℃$ だから不確かさは $\pm 3\,℃$

[6.2]　図 13.2 の点 P の電圧は

$$\frac{R_4}{R_3 + R_4}E$$

であるから，これに $40\,\mathrm{\mu V/℃}$ の温度特性があれば温度補償ができることになる。よって

$$\frac{1\,000 + 1\,000\alpha}{2\,000 + 1\,000\alpha} = \frac{1}{2} + 0.000\,04$$

より，$\alpha = 80\,\mathrm{ppm/℃}$ であればよい。

[6.3]　LM35 は $1\,℃$ 当り $10.0\,\mathrm{mV}$ を温度（摂氏）比例して出力する。LM60 は $1\,℃$ 当り $6.25\,\mathrm{mV}$ を $-40\,℃ \sim +125\,℃$ の温度範囲で $174 \sim 1\,205\,\mathrm{mV}$ で出力する。

7 章 --

[**7.1**] $I_0 = \dfrac{E}{2\,\mathrm{k}\Omega} : I = \dfrac{E}{2\,\mathrm{k}\Omega + R_A} = 1 : 0.99$ より 20 Ω 以下

[**7.2**] 式 (4.7) より増幅器の利得が 100 倍になる。よって，出力は 100 *IV* となる。

[**7.3**] 出力は 1 000 *IV*

[**7.4**] 変圧器の巻数は 1：*n* であり，1 次側から見た入力インピーダンスは二次側に比べ電流が *n* 倍，電圧は 1/*n* 倍だから，R/n^2 である。

[**7.5**] 鉄心の BH 曲線は *H* が大きくなると飽和するため交流磁界信号に対する感度が減少する。

8 章 --

[**8.1**] 上限波長 $\lambda_0 = 110$ nm

[**8.2**] 省略

[**8.3**] 利得と低雑音性

[**8.4**] β 線の影響と低い線量における不確かさ

[**8.5**] **解図 2**

解図 2

9 章 --

[**9.1**] DC・AC 電流測定端子に電流を流すと分流抵抗器で電圧になる。DC の場合は A-D 変換器で，AC の場合は整流して A-D 変換器で測定する。

[**9.2**] ツェナーダイオードの電圧を V_z とすると，抵抗 R_1 の電圧降下が V_z となるような電流 I_{out} が負荷に流れる。

[**9.3**] 抵抗とインダクタンス

[**9.4**] ベクトル図の虚数成分が逆となるからマイナス値で容量が表示される。

10 章 --

[**10.1**] 図 4.8

[**10.2**] 省略

[**10.3**] $1\,\text{k}\Omega$ に $1\,\text{mA}$ を流すと $1\,\text{V}$ になる。温度特性から $3.85\,\text{mV}/℃$ の変化があるから，2.59 倍の増幅を行えば出力は $10\,\text{mV}/℃$ になる。

[**10.4**] エアコン，こたつなど

11 章 ---

[**11.1**] 図（a）

[**11.2**] 電力 $15\,\text{W}$，力率 0.25

[**11.3**] 電力 $60\,\text{W}$，力率 1

[**11.4**] 電力 $500\,\text{W}$，力率 0.25

[**11.5**] 式 (6.3) より電圧と電流の積になっている。したがって，平均をとれば交流電力となる。

[**11.6**] 省略

12 章 ---

[**12.1**] アラン分散の式より

$$\sigma_y^2 = \frac{0.6^2 + 0.2^2 + 0.6^2 + 0.4^2}{2 \times 4} = 0.115$$

[**12.2**] $1\,000\,000$

[**12.3**] 周波数 $20\,\text{Hz}$ の周期は $50\,\text{ms}$ だからカウント数は $500\,000$。$\log 500\,000 = 5.7$ で $\log 2 = 0.3$ だから $5.7/0.3 = 19\,\text{bit}$

[**12.4**] 位相差 $\theta = (100/2\,000) \times 360° = 18°$

[**12.5**] $360°$ を $2\,000$ としているから $0.18°$

[**12.6**] 位相差を 0.1 度の分解能するには $3\,600$ カウント必要。$50\,\text{Hz}$ は $20\,\text{ms}$ だから $3\,600 \times 50 = 18\,000\,\text{Hz}$

[**12.7**] 西日本 $60\,\text{Hz}$，東日本 $50\,\text{Hz}$。明治維新のとき米国式発電機を購入したか，ドイツ式発電機を購入したかの名残である。

[**12.8**]

$$kV_1(t) \times kV_2(t) = V_{p1} \sin \omega_1 t \times V_{p1} \sin \omega_2 t$$

$$= V_{p1} V_{p2} \frac{1}{2} \left\{ -\cos(\omega_1 + \omega_2)t + \cos(\omega_1 - \omega_2)t \right\}$$

13　章

[**13.1**]　$V_o = 0.5 \sin 100\,\pi t + 3$

[**13.2**]　周期 1 ms, 幅 0.5 ms, 振幅電圧 5 V

[**13.3**]　50 MH

[**13.4**]　10 倍

[**13.5**]　1 : 5

[**13.6**]　$y = A \sin(\omega t + \theta) = A(\sin \omega t \cos \theta + \cos \omega t \sin \theta),$

$x = A \sin \omega t$

および $\sin^2 \omega t + \cos^2 \omega t = 1$ より

$y = x \cos \theta + A \cos \omega t \sin \theta = x \cos \theta \pm \sqrt{A^2 - x^2} \sin \theta$

となり式 (13.2) と同じになる

$y - x \cos \theta = \pm \sqrt{A^2 - x^2} \sin \theta$

として両辺を 2 乗して整理すると式 (13.1) と同じになる

14　章

[**14.1**], [**14.2**]　省略

索　引

───── 著 者 略 歴 ─────

1985 年　沼津工業高等専門学校電気工学科卒業
1988 年　東北大学工学部電子工学科卒業
1993 年　東北大学大学院博士課程修了（電子工学専攻）
　　　　　博士（工学）（東北大学）
1993 年　豊橋技術科学大学助手
1999 年　慶應義塾大学専任講師
2003 年　慶應義塾大学助教授
2007 年　慶應義塾大学准教授
2010 年　慶應義塾大学教授
　　　　　現在に至る

新 SI 対応 ディジタル時代の電気電子計測基礎（改訂版）
Electric and Electronic Instrumentation in the Digital Era（Revised Edition）
Ⓒ Yoshinori Matsumoto 2014

2014 年 9 月 8 日　初版第 1 刷発行　　　　　　　　　　　　　　　★
2020 年 2 月 13 日　初版第 3 刷発行（改訂版）

検印省略	著　　者	松　本　佳　宣
	発 行 者	株式会社　コ ロ ナ 社
		代 表 者　牛 来 真 也
	印 刷 所	新 日 本 印 刷 株 式 会 社
	製 本 所	有限会社　愛 千 製 本 所

112-0011　東京都文京区千石 4-46-10
発 行 所　株式会社　コ ロ ナ 社
CORONA PUBLISHING CO., LTD.
Tokyo Japan
振替 00140-8-14844・電話(03)3941-3131(代)
ホームページ https://www.coronasha.co.jp

ISBN 978-4-339-00930-9　C3054　Printed in Japan　　　　　　（新井）